U0385669

电冶金
与
电化学储能

Electrometallurgy

and

Electrochemical Energy Storage

钟澄 编著

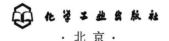

化学工业出版社
·北京·

《电冶金与电化学储能》关注电冶金领域的起源、发展与演变，介绍了电冶金的发展过程，以及在电化学储能领域中材料制备、能量储存等方面的应用，并对未来研究方向作出展望。读者通过本书可对电冶金及其在电化学储能领域的应用有所了解。

　　本书有助于电化学等相关领域科研工作者对该领域的历史发展、前沿研究、未来发展方向进行更深入的认识，推进该领域的知识普及与科研进步；也有利于高等院校相关专业学生对电冶金及其在电化学储能领域的应用进行基本了解。

图书在版编目（CIP）数据

电冶金与电化学储能/钟澄编著． —北京：化学工业
出版社，2020.3
　ISBN 978-7-122-36445-6

　Ⅰ.①电… Ⅱ.①钟… Ⅲ.①电冶金②电化学-储能
Ⅳ.①TF111.5②TB34

　中国版本图书馆 CIP 数据核字（2020）第 039911 号

责任编辑：成荣霞　　　　　　　　文字编辑：林　丹　毕梅芳
责任校对：王鹏飞　　　　　　　　装帧设计：王晓宇

出版发行：化学工业出版社（北京市东城区青年湖南街 13 号　邮政编码 100011）
印　　装：北京虎彩文化传播有限公司
710mm×1000mm　1/16　印张 7¾　字数 121 千字　　2020 年 8 月北京第 1 版第 1 次印刷

购书咨询：010-64518888　　　　　售后服务：010-64518899
网　　址：http://www.cip.com.cn
凡购买本书，如有缺损质量问题，本社销售中心负责调换。

定　　价：88.00 元　　　　　　　　　　　　　　　　版权所有　违者必究

前言

电冶金技术具有悠久的发展历史。在 1843 年斯密（Alfred Smee）首次提出电冶金这一概念时，电冶金的定义是所有使用电能来调控金属的原理与加工方式，无论是使用电流溶解还是沉积金属。在当时，他希望统一的研究对象是起源于 1805 年布鲁格纳泰利（Luigi Valentino Brugnatelli）进行的电镀，以及 1838年雅可比（Moritz von Jacobi）提出的电铸，并希望对研究对象进行概念及定义上的统一有助于电冶金这一学科的建立及蓬勃发展。事实也正如他所料，电冶金的学科发展日新月异，所囊括的研究范围也越来越广阔。电冶金从最初的用于零件制作的电镀、电铸，发展到用于金属提纯、生产的电解精炼、电解沉积，为人类提供了各种各样形式、成分不同的金属制品。发生在电冶金中的核心过程是金属的电化学沉积，指的是在电场的作用下，电解液中的金属离子在阴极被还原而形成沉积层的过程，根据阳极的种类不同，还可能伴随有金属的电化学溶解。近年来，随着理论和实验研究的不断深入，电化学沉积技术对于电流/电位的调控更加精确，沉积方式、电解液也变得多种多样，电冶金技术被创造性地应用于电化学储能领域，不仅可用于电极材料的精细化调控制备，还出现了直接应用电冶金反应储能的电池。电沉积技术已经从最开始的在较为宽泛的电流区间内进行沉积，变为在精确调控的电流/电压大小下沉积；从简单的恒电流沉积发展为脉冲电沉积等多种沉积方式；电解液也从纯金属盐溶液变化为含多种添加剂的复合电解液。在这个过程中，电沉积技术取得了日新月异的发展，沉积方法也趋向于多样化。电冶金技术已经被发展为制备高性能材料和高效储能电池的有效手段，在现代高科技产业的应用中已掀开了新的篇章。

本书关注电冶金技术的起源、发展与演变，以历史的角度审视电冶金领域的发展，介绍了电冶金的发展历程，以及电冶金技术在电化学储能领域中电极材料制备、能量储存等方面的应用，并对未来的研究方向作出展望。本书有利于电化学等相关领域科研工作者对该领域的历史发展、前沿研究、未来发展方向进行更深入的认识，推进该领域的知识普及与科研进步；也有利于高等院校相关专业学生对电冶金及其在电化学储能领域中的应用进行基本了解。

本书的撰写参考了斯密的《电冶金的元素》（*Elements of Electro-metallurgy*）等国内外电冶金领域的专著与教材。同时为了紧跟学科发展前沿，参考了国内外刊物上发表的关于电冶金技术应用于电化学储能领域的电极材料制备、储能电池构建方面的各类文献，希冀能为读者描绘出电冶金及电化学储能领域的起源、发展与演变的图景。本书除了基本理论外，还结合各类理论对前沿学术研究进行实例分析，启发学习、研究思路，有助于读者为后续课程学习与科研工作提供有力指导。

由于笔者水平有限，书中难免会有纰漏和不足之处，敬请读者进行批评指正。

钟澄

2020 年 1 月

目录

1 电冶金的起源与发展

如果说能否更好地制造和使用工具是人与动物的最大差别，那么以冶金为基础的金属工具的制造与使用，就意味着人类从蒙昧时代进入了文明时代。人类与金属矿石打交道的起源可以追溯到远古时期，当时的人类就已经将红色的赤铁矿应用在宗教仪式与丧葬中。在新石器时代，人类就已经使用自然界中存在的金属，如自然铜、陨铁、金、铂。然而冶金的正式出现要比这晚得多。目前发现的人类第一次冶炼金属的痕迹，出现在公元前3800年的伊朗，出土的青铜器具证明了当时的人类已经掌握了将矿石熔炼并制作成工具的技术。人类文明发展的历史可以被理解成一部冶金史。每一个新的冶金技术的出现，都象征着一次生产工具的革命，带来了极速增长的生产力。从苏美尔文明的青铜冶炼到中国商周灿烂的青铜器，从赫梯人的铜柄铁刃匕首到中国战国时期的铁制农具，从布满欧洲的高炉到中国独有的坩埚炼铁，无不是人类聪明智慧在冶金中的结晶。与热能被早早地应用到冶金中不同，电冶金的基础——电能，直到1799年伏特（Alessandro Volta）发明了人类第一个现代意义上的电池，才揭开了神秘的面纱。

在目前可以追溯的历史记载中，电冶金（electro-metallurgy）一词最早出现在1840年，当时斯密（Alfred Smee）在一本商品名录里刊登了自己制作的可用于电冶金的电池。随后，他又在1843年出版了名为《电冶金的元素》（*Elements of Electro-metallurgy*）的书，正式公开了"电冶金"这个名词。他对电冶金的定义是所有使用电能来调控金属的原理与加工方式，无论是使用电流溶解还是沉积金属[1]。尽管电冶金这一概念在1843年才被提出，但早在这之前，就有许多科学家开展了电冶金领域最初的探索。在1805年，意大利化学家布鲁格纳泰利（Luigi Valentino Brugnatelli）就已经用伏打电堆在一块银上电镀（electroplating or electrogilding）了一层金。然而，他的发明仅仅局限在一个很小的范围内，没有引起广泛关注。直到31年后，电冶金现象才因丹尼尔（John Frederic Daniell）教授的发明为人们熟知。在丹尼尔教授于1836年公布的丹尼尔电池（Daniell cell）

中，锌（Zn）电极（electrode）与铜（Cu）电极被分别放置于硫酸（H_2SO_4）溶液与硫酸铜（$CuSO_4$）溶液中，作为负极与正极，而锌电极与铜电极之间用陶瓷隔开，避免电解液（electrolyte）的混合[2]。当电池与外部电路连接时，有趣的现象发生了。丹尼尔教授观察到锌电极在不断地溶解的同时，负极上不断地有铜（Cu）析出。当他在负极上刮下一个划痕之后，这个刮痕被完美地复制了。这个现象被斯密认为是电冶金的起源，因为是这个现象让大家把目光投向了电冶金领域。然而，当时丹尼尔教授专注于电池的构造，对这一奇妙的现象没有给予足够的重视。同年，德拉鲁（Warren De la Rue）展开了对丹尼尔电池的研究，并将电池内铜被不断还原并沉积到铜电极上这一现象进行记录，并发表在了杂志上，然而他的研究报告并没有得到太多重视。直到 1838 年，科学家雅可比（Moritz von Jacobi）宣布自己将电镀铜应用在艺术领域，并将其命名为电铸（electrotyping 或 galvanoplasty）。随后，科学家乔丹（C. J. Jordan）与斯宾塞（Thomas Spencer）开启了电铸在英国的使用，也正式开启了电冶金这一领域的广泛应用与研究[1,3]。

最初，受限于对电化学原理的认识，斯密定义的电冶金仅仅囊括前述的电铸与电镀。电铸在 19 世纪 30 年代到 20 世纪 80 年代期间被广泛地应用于印刷业与艺术领域。在印刷业，由于电铸可以在室温下进行，电铸的刻板逐步取代了传统的浇筑的铜刻板。电铸通常使用的是一些软模板，如蜡（wax）、古塔胶（Gutta-percha）等。这些模板被涂上一层薄薄的石墨，便可被浸入电解液中进行电铸。可以进行电铸的金属不仅仅是铜，在使用特定的金属阳极与电解液时，其他的金属如金、铂等也可被电铸[4]。在艺术领域，电铸也应用于雕塑，有许多铜雕塑就是用电铸方法制造的。电铸在印刷业的应用延续到了 20 世纪 80 年代，在胶版印刷技术出现后被取代。随后，电铸又在其他领域得到了长足的发展，并被赋予了新的含义。新发展的电铸（electroforming）与传统意义上电铸（electrotyping）的区别主要在于，与传统电铸所使用的古塔胶模板不同，新发展的电铸的模板通常是金属制的，也被称为芯模（mandrel）。这些导电芯模上方首先要被覆盖一层不导电的膜体，随后使用光刻或其他工艺在上方刻蚀出所要零件的形状，最后再在电解液中进行电铸，得到所需要的零件。如果使用的是不导电的芯模，如玻璃，塑料等，这些芯模的表面首先要被覆盖一层导电膜[5]。电铸在制造复杂、高精度、轻质的零件上有着较大优势，在先进零件制造、增材制造以及 3D 打印领域等有着广阔的应用前景。

电镀作为比电铸还要古老的技术，早期主要被用于装饰。第一个可行的金、银电镀专利来自发明家埃尔金顿（George Elkington）与怀特（John Wright）。

他们发现氰化钾（KCN）可以被有效地应用在金、银的电镀上，并在随后进行了商业化的镀银器具的生产。这一电镀方法被广泛地应用开来，替代了传统的火法镀金与湿法镀金[6,7]。此后，许多非装饰性的金属电镀方法也被发展起来，如锡、铅、镍、锌等，并在工具、零件的制造过程中发挥着重要的作用。

在电镀与电铸中，主要的不同之处在于，电镀的目的是将沉积所得的金属层与基底进行紧密的结合，而不是得到一个独立的沉积金属产品。而这两者存在一个相同的过程是溶液中的金属离子都被沉积到了负极的导体上，这个过程也被称作电沉积（electrodeposition）。在电冶金的实践中，与外部电源正极连接的是电冶金体系的阳极，与外部电源负极连接的是电冶金体系的阴极。发生在阴极的电沉积过程是电冶金的核心，使得人类可以通过消耗电能来得到金属产物。电冶金在工业中的应用还被发展到了电解精炼（electrorefining）与电解沉积（electrowinning）上。电解精炼与电解沉积的目的都是获得高纯度的金属，不同的是，电解精炼的阳极通常是可溶的、不纯的金属（如火法冶金所得到的铜），而电解沉积的阳极为不溶的金属或其他导体。这样，在电解精炼中，随着电流的引入，阳极的不纯金属不断溶解，变为金属离子进入电解液，随后在阴极得到高纯度的金属沉积物。这个过程中电解液中的金属离子不断得到补充，而阳极的金属不断减少。在电解沉积中，溶液中的金属离子不断被沉积到阴极上，溶液中的金属离子不断减少。电解精炼与电解沉积是目前生产高纯度锡、铜的主要方式。

Popov 等将整个电冶金的体系分支归纳如图 1-1 所示。在整个电冶金的实践中，电以及由电引起的化学过程是核心，而伴随着电冶金实践所出现的电化学（electrochemistry）理论，是研究这些化学过程的基础，凝聚了一代又一代科学家的智慧与探究精神。

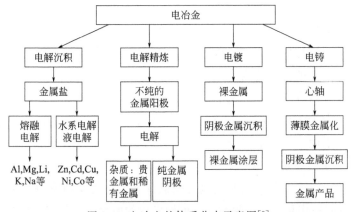

图 1-1　电冶金的体系分支示意图[8]

2 电冶金的基本体系

2.1 原电池中的电冶金

被斯密视作电冶金领域的开创性发现的丹尼尔电池，实际上是一种原电池。如图 2-1 所示，在丹尼尔电池中，Cu 电极与 Zn 电极分别被放置在 $CuSO_4$ 溶液与 H_2SO_4 溶液中，且两种溶液被多孔的陶瓷膜分隔开来以避免电解液混合。当使用导线将两个电极与外部电路连接时，由于 Cu^{2+} 与 Zn 具有比 Cu 与 Zn^{2+} 更高的反应活性，在丹尼尔电池中，由前者组成的系统有自发地向后者转化的趋势。因此，丹尼尔电池的电极反应式及总反应式为：

正极： $$Cu^{2+} + 2e^- \rule[0.5ex]{2em}{0.4pt} Cu \tag{2-1}$$

负极： $$Zn \rule[0.5ex]{2em}{0.4pt} Zn^{2+} + 2e^- \tag{2-2}$$

总反应： $$Zn + Cu^{2+} \rule[0.5ex]{2em}{0.4pt} Cu + Zn^{2+} \tag{2-3}$$

Cu 电极上发生的是 Cu^{2+} 得电子变成 Cu 的还原反应，而 Zn 电极上发生的是 Zn 失去电子变成 Zn^{2+} 的氧化反应。因此发生还原反应的 Cu 电极被称作阴极，发生氧化反应的 Zn 电极被称作阳极。此外，在这个过程中，可以观测到电流从 Cu 电极流向 Zn 电极。因此，Cu 电极的电极电势较高，被称作正极；Zn 电极的电极电势较低，被称作负极。正极与负极之间的电势差称为电池的电动势。在丹尼尔电池中，电池的电动势为 1.1V 左右。

从反应式可以看出，在电池的放电过程中，负极的金属 Zn 与溶液中的 Cu^{2+} 被不断消耗，变为溶液中的 Zn^{2+} 与正极上沉积的金属 Cu。因此，丹尼尔电池本质上是一种原电池，产生的电能来源于金属锌溶解以及金属铜沉积过程中释放的化学能。也正是因为这个过程，人们意识到金属的价态变化伴随着化学能的转变，通过电池可以建立化学能与电能之间的联系。这也是斯密将丹尼尔电池中的金属溶解与沉积视作是电冶金领域的开创性发现的原因。自丹尼尔电池之后，人们开始探索使用电能来实现金属价态变化的方法，开始了在电冶金领域的不断探索。

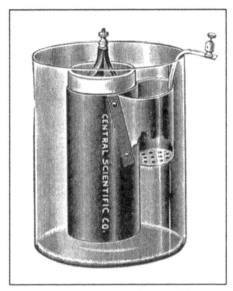

图 2-1　丹尼尔电池示意图[9]

2.2　电解池中的电冶金

与丹尼尔电池基于体系中自发的氧化还原反应将化学能转化为电能不同，电解池中存在外部电源，实际上是将电能转化为金属沉积与溶解过程中的化学能的过程。从外部电源正极流出的电流不断流入电解池，使得电解池中发生受电能驱动的氧化还原反应，然后电流再回到外部电源的负极。在电解池中，与外部电源正极连接的电极上发生的是氧化反应，被称为电解池的阳极，而与外部电源负极连接的电极上发生的是还原反应，被称为电解池的阴极。通过合理地选择电解池中的电极材料与电解液，在电能的驱动下，可以发生人们期望的金属价态变化，这就是电冶金的基础。

2.2.1　电镀与电铸

电镀与电铸的核心是发生在负极的金属沉积。在电镀中，通过将待镀件设置为电解池的阴极，在对电解池通入电流时，电解液中的金属离子不断地从阴极上获得电子并沉积在阴极上。通常情况下，电解池中的阳极是待镀在阴极上的金属。于是，在一定电流下，阳极金属的溶解速率与阴极上该金属的沉积速率相同，溶液中的金属离子不停地通过阳极金属溶解成金属离子而得到补充，使得电解液中的金属离子浓度不发生显著变化。以电镀铜为例，将金属铜作为电解池的阳极，硫酸铜溶液作为电解液，而阴极为待镀件。当对电解池通电时，阳极的Cu不断溶解变为Cu^{2+}进入电解液中，而阴极附近的Cu^{2+}不断在阴极获得电子并沉积在阴极上。同时，阳极的Cu^{2+}在电解液中电场的作用下不断向阴极迁移，实现阴极附近Cu^{2+}的补充。若阳极使用的是不溶电极如石墨等，溶液中的金属离子随着电镀的进行不断消耗，需要定期补充电解液中的金属离子以维持电镀的正常进行。

电解液中除了待镀的金属离子，通常还有阴离子与添加剂。阴离子的存在一方面可以提高电导率，如在溶液中添加支持电解质硫酸盐可提高电导率；另一方面，一些特定的阴离子可以与金属离子络合，提高电镀的效率。如在金银电镀液中存在的氰离子会与金、银离子形成金、银的氰配合物，既有助于阳极金属的溶解，又有助于实现阴极表面金、银的平整沉积[6,7]。此外，一些添加剂如聚乙二醇能抑制镀锌过程中阴极的析氢，提高沉积效率。电镀的目的是在阴极待镀件表面获得一层镀层以改变零件表面的物理化学性能。如在钢表面电镀锌可提升钢的耐腐蚀性能；在首饰表面电镀金可获得更美观的外表与优异的耐腐蚀性能等。

与电镀获得的产品是镀层金属与零件的组合，追求镀层与待镀零件的紧密结合不同，电铸的目的产品是阴极上的沉积物，也就是电镀中的"镀层"。当然，电铸所获得的"镀层"要厚得多。电铸中的阴极称作模板，一般由石蜡、古塔胶等具有柔性的物质组成。在模板表面均匀地涂上一层石墨使模板的表面导电，再使用金属线将导电层引出，将整个模板浸入电解液中，作为电解池的阴极。在电流的作用下，溶液中的金属离子在模板表面获得电子并沉积在模板上。当沉积到需要的厚度后，将电铸件与模板从电解液中取出，并将模板与电铸件分开，就获得了所需要的电铸件。传统的电铸大多用于铜的电铸，且获得的电铸件尺度较大[4]。近年来，新发展的一些电铸工艺可以用于制造一些精密的、结构复杂的零件[5]。然而，它们的基本原理都是在电能的驱动下，在电解池中发生阳极金属溶解与阴极金属沉积。

2.2.2 电解精炼与电解沉积

电解精炼与电解沉积的目的是获得高纯度的金属产物。通常，通过高温熔炼金属的火法冶金难以获得高纯度的金属制品，而电解精炼与电解沉积可以通过金属的活性差异进行选择性提炼，从而获得高纯度的金属产物。电解精炼与电解沉积的核心都是发生在阴极的金属选择性沉积。不同之处在于，电解精炼通常将待精炼的不纯金属作为阳极，在电流的作用下，阳极的金属不断溶解变为金属离子进入溶液中，并在阴极得到电子变为金属；而电解沉积通常使用的是不溶的阳极，在沉积过程中，电解液中的金属离子浓度不断降低。

电解精炼与电解沉积利用的是杂质金属离子与待提取金属离子的活性差异。在电解精炼中，阳极发生的是金属的溶解反应。若杂质离子的电位较正，那么通过选择电解电位，可以使得待提取金属发生选择性溶解，而杂质金属未溶解。若杂质离子的电位较负，可以通过调节电解液的组成使得杂质离子无法被沉积到阴极，抑或待杂质离子被先行沉积完毕后，再收集精炼产物。类似地，在电解沉积中也是利用金属离子的活性差异与析出顺序来获得高纯度的金属制品。

电镀、电解精炼与电解沉积归根结底都是基于通电过程中金属离子在阴极的得电子沉积。不同之处在于，电镀的目的是获得高表面质量、结合紧密的沉积物，而电解精炼与电解沉积更关注沉积物的纯度。此外，由于电解精炼与电解沉积的规模较大，产品量较多，对电能的消耗很大，电解精炼与电解沉积对过程中的电流效率较为关注。例如在锌的电解沉积中，由于锌的电位低于析氢电位，在热力学角度上，氢的析出不可避免，会影响锌电解沉积的电流效率。因此，锌电解沉积的阴极板应该选择析氢过电位较大的材料，以抑制析氢。此外，由于锌电解沉积的电流效率与电解液中的锌离子浓度有关，随着沉积的进行，溶液中锌离子浓度不断下降，电流效率也不断降低。因此应该定时补充电解池中的离子，以维持其电流效率在一个较高的范围，获得较大的经济效益。

3 电冶金及其在电池电极制备中的应用

3.1 精细电冶金技术的发展

电冶金技术具有悠久的发展历史。从早期使用伏打电堆与丹尼尔电池进行的金属电沉积，到后来直流电机及稳定的电源被引入金属制品的制造中，电冶金技术已经渗透到了生产实践的各个领域。金属的电化学沉积作为电冶金的核心过程，指的是在电场的作用下，电解液中的金属离子在阴极被还原而形成沉积层的过程。近年来，随着理论和实验研究的不断深入，电化学沉积技术对于电流的调控更加精确，沉积方式、电解液也变得多种多样。电化学沉积技术已经从最开始的在较为宽泛的电流区间内进行沉积，变为在精确调控的电流/电压下沉积；从简单的恒电流沉积发展为脉冲电沉积等多种沉积方式；电解液也从纯金属盐溶液变为含多种添加剂的复合电解液。在这个过程中，电沉积技术取得了日新月异的发展，沉积方法也趋向于多样化。区别于传统的电解精炼等电冶金体系中涉及的电沉积过程，近年来发展的电沉积技术已被应用于材料的精细调控。精细电冶金技术已经被发展为制备高性能材料和尖端材料的有效手段，在现代高科技产业的应用中已掀开了新的篇章。

精细电冶金技术的发展离不开电沉积理论研究的不断深入。1960 年，Gerischer 等提出在电位梯度作用下，存在于本体电解液中的水合或络合的金属离子朝阴极（衬底）扩散，随后金属离子在阴极的 Helmholtz 双电层区域脱离水合或络合状态，并在阴极表面发生放电过程，变成中性原子（吸附原子）。这些原子吸附在衬底上，最终长入晶格，实现金属的电沉积。Gerischer 假定，在阴极表面发生交换反应的是部分离子化的原子。1964～1967 年，在 Bockris 与

Razmney 合作的研究中，称这类原子为"亚原子"。由于交换反应涉及的是离子化原子而不是中性原子（吸附原子），Vetter（1961）、Haruyama（1963）、Ohno（1988）、Haruyama（1991）以及 Winand（1994）认为，晶体生长全过程应当与沉积过电位有关。沉积过电位由放电过电位、扩散过电位、反应过电位和结晶过电位组成，它们共同决定了沉积物的微观结构。这一概念也被称为过电位原理（overpotential theory，OT），是目前被广泛接受的电沉积理论。OT 原理可被应用于纯金属和合金沉积层上晶粒大小和表面粗糙度的控制[7]。此外，1878 年 Gibbs 提出自由能的概念，建立了晶体形核和生长的基本原理，用于解释沉积物在基底上的生长过程，完善了成核机理。在这个过程中，电化学理论逐渐完善，为指导精细电冶金技术的应用提供了理论基础。

实际应用与生产实践过程中，各种各样的新要求也推动着精细电冶金技术的发展。近年来逐渐开发出了复合沉积、纳米电沉积制备等新技术。沉积层的组成、形貌等性质均可实现有选择性的设计，其性能也获得了不断的改善。另外，实际应用对沉积基体的要求也越来越多，除了传统的在钢铁等金属材料上的沉积外，还需要发展在轻金属，甚至非金属等材料上的电化学沉积。为了满足实际应用的需求，在众多研究者们的努力下，许多新型的电化学沉积技术得到了应用。其中，利用电沉积制备能源储存设备中的部件（如电极）引起了学者的研究兴趣。

小型化、高能量和高功率的能量储存设备是社会发展中不可或缺的。首先，储能设备能够满足电网的削峰填谷要求，在电网的非高峰期储存能量并在高峰期释放，以减少高峰期发电厂的发电需求，有助于降低发电成本和减少温室气体的排放；其次，由于风能、太阳能、潮汐能等可再生能源具有"间歇性"的特性（其能量输出受外界环境的影响较大），储能装置可以用来储存此类间歇性能量，以提高电力的稳定性和适用性；另外，高效的储能装置可以促进交通运输的电气化，减少燃料消耗并促进低碳经济。电池技术具有响应快速、可以模块化、安装灵活和施工周期短的优点，因而在电网储能、电动车、便携式器件中具有广泛的应用。通常来说，电池的核心部分主要由正极（阴极）、负极（阳极）和电解液组成。其电极部位包括用于电子传导的集流体和用于电池反应的活性物质。活性物质需要与集流体紧密相连以实现电子的快速交互，且活性物质也需要与电解质紧密相连以实现离子的快速交互作用。目前储能电池的电极材料大多由80%～85%的活性材料、15%～20%的黏合剂以及导电添加剂组成。这些电极的制备过程通常是先将活性材料、黏合剂和添加剂与有机溶剂混合成浆料，随后将浆液涂覆或压制在充当导电集流体的箔片上而得到最终的电极。利用这种方法制备的电极材料，由于电极活性材料仅通过物理作用涂覆在集流体上，集流体和电极活性材料之间具有较大的接触电阻，从而导致电池在充放电过程中有多达20％的能量损失在内阻上。因此，若通过电化学/化学方法将活性材料直接原位生长在导电集流体上，在电极活性材料和集流体之间形成紧密的接触，可以减小内阻损耗。采用这一技术还可以避免或减少黏结剂与其他电化学惰性材料的使用，从而有利于储能设备在有限的质量和体积中获得更高的能量密度[10]。另外，机械混合方法或者浆料涂布法制备所得的电极材料往往无法满足储能器件对电极的机械强度、柔韧性等方面的新需求。

实现两种材料结合的方法通常有物理气相沉积法（physical vapor deposition，PVD），如真空蒸镀、溅射镀膜、电弧等离子体镀、离子镀膜、电子束蒸发及分子束外延等，化学气相沉积法（chemical vapor deposition，CVD）、水热合成法、球磨法[11]和还原沉淀法[12]等多种方法。与这些技术相比，电化学沉积是通过外加电场的作用，在某种特定的溶液中，在电极上产生所需沉积层的制备方法，可用于沉积各种微米级和纳米级结构的金属、陶瓷、聚合物和半导体等。利用电化学沉积制备电极材料，有助于集流体与电极活性物质紧密结合，促进两者之间进行快速有效地电子传导，以降低整体材料的电阻，因而非常有利于一体化电极的发展。然而，一般而言，相对于机械涂覆所得电极材料，通过常规的电化学沉积方法获得的电极通常具有较小的有效表面积，导致其活性物质利用率较低[10]。为了提高电极材料的利用率，增大电极的活性暴露面积，对电极活性材料或者集流体的形貌进行调控以优化材料结构（图3-1）。因此，材料的形貌调控成了电化学沉积中的一个重要研究方向。此外，电极的组成成分对电极的性能也有显著影响（图3-1）。在储能电池中，通过优化电极成分改善其离子容纳能力，可以有效提高电极稳定性。将电极活性物质与导电材料复合可以改善电极材料内部的电导率。另外，调控电极成分可以进一步丰富活性位点，提高电极性能。因此，调控电极的成分对于电池的稳定性、能量效率以及能量密度等性能具有重要影响。

总体来说，电化学沉积具有以下优势[10,13,14]：①成本低、操作简单，适用于大规模生产。②适用于一体化电极的制备，无需引入黏合剂。所要合成的电极材料能够在导电的表面如铜或铝等上面直接生长，可以实现电极活性材料与导电体基体之间的良好结合，有利于降低两者之间的电阻损耗，减少非电化学活性物质的引入，有利于电池在有限的质量和体积内获得更高的能量密度。③可以在低温甚至室温下合成丰富的材料体系。④电化学沉积制备的沉积物的表面处于活性

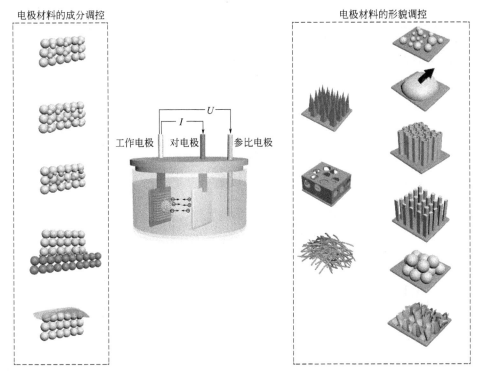

图 3-1　电化学沉积方法对沉积产物成分和形貌的调控

区域（离子和电子可导通的区域），可避免常规机械涂覆法所引入的电化学惰性区域。⑤可控性强。所要合成的材料的形貌和成分可以通过改变电化学沉积的电流密度、电压、电解质浓度或沉积温度来调节和控制，还可以通过使用混合的电解质来电沉积制备合金材料。⑥采用电化学沉积方法制备的电极材料能够满足储能器件材料在机械强度、柔韧性等方面的新需求。

　　综上所述，精细电冶金技术有望通过调控电沉积过程以精确地控制所制备的材料的成分、微观结构及性能。通常，电化学沉积参数错综复杂，不同参数带来的影响多数是基于以往的研究和大量的实验数据推出的经验法则。这些实验大多是通过改变沉积条件来尝试改善沉积产物，使之在性能上适应特定的应用目标。如图 3-2 所示，通过改变电化学沉积的参数，可以间接影响电解液中离子的交互作用（包括离子迁移、离子扩散、络合反应、分解反应等），进而改变沉积产物的化学成分和微观结构，最终影响所得电极材料的物理性能和化学性能。通过电化学沉积方法调控材料的微观结构和化学成分，关键是控制电解液中的离子在基体（工作电极）上的晶体成核和随后的晶体生长过程。其成核过程主要取决于形成能、附加能和内部应变能[15,16]。形成能的控制主要通过改变电化学沉积的参数来实现。总体来说，影响电极材料最终性能的电沉积规范包括[17]：

①基体材料；②电沉积材料类别；③电沉积电解质成分；④电沉积电解质浓度；⑤电解质溶剂；⑥添加剂；⑦电流密度；⑧过电位；⑨沉积时间；⑩电极间距；⑪静置、搅拌；⑫温度。

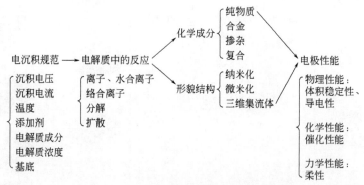

图 3-2　电化学沉积参数影响因素示意图

（1）沉积电压和电流的影响　由定义来看，电化学沉积是在存在电场的情况下，在特定的电解液中，在电极上产生需要的电沉积层的一种方法，而电场强度取决于阴极电势或电流密度。因此，电压/电流密度会显著影响沉积物的组成、结构和性质，是最重要也是研究最广泛的工艺参数[18]。在大多数体系中，使用较低的电流密度会导致沉积物成核较少，而使用较高的电流密度则可能会导致分形增长。此外，在实际过程中由于基体表面的不均匀特性，电流密度会呈现不均匀的分布特性。在电化学沉积过程中，离子在基体表面成核时会优先在高能位点发生沉积，这也被称为活性中心或者生长位点。在随后的成核长大期间，沉积物表面的电流密度分布也会有所变化。因此，当考虑电流密度对于电解产物的影响时，需要同时考虑基体表面的性质。而当假设基体表面完全均匀的情况下，一般高的电化学沉积电压/电流密度会提高成核速率。

（2）沉积电解液的影响　电化学沉积的电解液一般是由溶质离子与溶剂组成，其中常用的溶剂包括水溶液、有机溶液和离子液体等。水系电解液是使用最为广泛的电解液体系，它的使用前提是所沉积的物质对应的化合物盐类可以溶于水溶液。水溶液载体具有环境友好、成本较低的优点，但是当沉积电压高于水分解电压（1.23V）时，水溶液中的氢离子会被还原成氢气释放。析出的氢气可能会影响电解液中的溶质离子在基体上的沉积，进而影响沉积所得产物的结构和性能[19]。一方面，过多的氢气逸出会降低沉积时的阴极电流效率，导致沉积过程缓慢；但另一方面，产生的氢气可以应用于调控沉积物的形貌。例如，利用氢气泡动态模板辅助电化学沉积的方法，可以用于获得特定的具有三维形貌特征的电极，如多孔结构电极等。

使用水系电解液进行电化学沉积制备，除了会产生析氢问题而影响沉积外，水系电解液中可以利用电化学沉积制备的材料也相对有限。因此，作为水系电解液电化学沉积的补充，使用非水溶液电解液（有机溶液、离子液体和熔融盐）进行电化学沉积也得到了广泛的发展。例如，碱土金属、稀有金属等无法在水系电解液中进行电化学沉积制备的材料，可以通过在非水系电解液中电沉积获得[20]。此外，非水系溶剂对陶瓷颗粒的润湿性较好，便于其形成均匀的沉积层。其中，离子液体由于其极低的蒸气压、低挥发性和低可燃性、高的化学和热稳定性、较宽的电化学窗口和对金属盐良好的溶解性而作为沉积电解液，在电化学沉积领域中受到了越来越多的关注[21]。离子液体对金属盐的溶解性各不相同，例如基于弱配位阴离子的离子液体，如四氟硼酸根（tetrafluoroborate，BF_4^-）、六氟磷酸根（hexafluorophosphate，PF_6^-）和双（三氟甲基磺酰基）酰亚胺[bis（trifluoromethylsulfonyl）imide，$TFSI^-$]对金属氯化物的溶解能力较差，而含有三氟甲基磺酸三氟乙烷（trifluoromethylsulfonate，TFO^-）阴离子的离子液体对金属氯化物的溶解性较好[22]。与水系溶液相比，有机溶剂及离子液体电解液成本较高、存在可能的毒性、具有较高的电解液电阻率和较低的电解质溶解度等问题，且部分有机溶剂可燃。除以上两种非水系电解液，熔融盐由于其独特的性质，也被用作电沉积的电解质，引起了人们的关注[23]。首先，熔融盐可以提供比其他电解液（如水系电解液）更宽的工作温度范围（150~1050℃），这一特性有助于扩展电沉积制备的材料体系[23]，且熔融盐电解质可以为电沉积过程提供一个无氧的环境，有利于避免一些材料在水系电解液电沉积过程中的氧化问题。其次，以熔融盐为电解质进行电沉积可以用于制备难以或者不能从水溶液中电沉积的活泼金属（如 Al、Mg 和 Ti）以及难熔合金和化合物（如硼化物和碳化物）[24~26]。此外，由于熔融盐体系电沉积中存在高温扩散过程，能够使得涂层和基材之间形成冶金结合，从而获得牢固附着的涂层[27]。

在使用电解液进行电化学沉积制备电极材料时，沉积基体需要整体浸泡在电解液中，当通电时，基体的各个部位均具有获得沉积产物的可能性，导致局部区域电化学沉积制备难以实现。因此，研究者们发展了一种基于半固态电解质进行电化学沉积的方法。使用半固态的凝胶作为电化学沉积的电解质，可以防止离子在沉积基体上的自由迁移，并在基体的所需区域进行选择性地沉积。该技术可以应用于任何导电基体，例如不锈钢、泡沫镍和聚合物集流体等。通过使用半固态的凝胶作为电解质，研究者们已经实现了在单个电极上不同活性物质的双重共沉积，为发展高活性的一体化双功能电极提供了良好的借鉴思路[28]。

电化学沉积可以通过使用混合的电解液来沉积形成合金，即共沉积。共沉积时电解液的组成、浓度，包括其中活性物质离子种类及含量、溶液酸碱度（pH值）以及添加剂，都会影响最终沉积产物的组成和微观结构。目前，已经发展了多种可以用于电化学共沉积工艺的电解液，如硫酸盐、氯酸盐、硝酸盐、焦磷酸盐、硼酸盐、氟硼酸盐和氨基磺酸盐等。其中，电解液中的活性物质离子的种类及含量，即电解液的成分和浓度对于沉积产物的类型及形貌结构是极其重要的。电解液的成分显著影响了沉积产物的成分组成，若已知所需要的沉积产物的物质类型，可将该物质的盐类溶于一定溶剂后作为电解液进行电化学沉积制备。在合金共沉积过程中需要具备以下两个条件[29,30]：①合金中的两种金属至少有一种能单独从电解质溶液中沉积。有些金属（例如，Mo、W 等）难以从电解质溶液中直接沉积，但是可以与其他金属实现共沉积。②合金元素中的沉积电位需要接近或者相等。金属的析出电位可以表示为：

$$E = E^{\ominus} + \ln a \times RT/nF + \Delta E \tag{3-1}$$

式中，E 为析出电位；$E^{\ominus}$ 为标准电极电位；a 为金属离子的活度；ΔE 为金属离子析出的过电位，需要考虑离子沉积过程中的诸多参数，包括电解质溶液和温度等因素的影响。为了实现两种金属元素的共沉积，两种金属的析出电位应相等或者相近，即 $E_1 = E_2$。根据离子反应的标准电极电势，仅有少数金属具有从简单盐溶液中共沉积的可能性。但是由于金属的析出电位受到离子络合状态和电极过电位等因素的影响，与标准电位相差较大。在两金属平衡电位相差不大时，可通过改变金属离子浓度（如降低电位较正金属离子浓度使电位负移，或增大电位较负金属元素的离子浓度使电位正移），使得金属元素的析出电位互相接近，实现共沉积。此外，也可在电解质溶液中引入络合剂和添加剂等方式调控金属的析出电位，使不同金属元素的析出电位相等[29,30]。通过加入络合剂，对共沉积离子进行选择性络合，可以较大幅度改变离子的沉积电位，实现共沉积。加入适当添加剂也是实现共沉积的有效措施[31]。添加剂对金属平衡电位的影响较小，但对电极极化影响显著[32]。不同添加剂对金属离子的沉积过程具有不同的作用，因此在电解液中加入添加剂对金属离子共沉积的影响，要根据理论分析和实验而定。综上所述，合适的电解质组成对于电化学沉积产物成分的调控是极其重要的[33]。

（3）电解液添加剂的影响　电解液添加剂是在电化学沉积的电解液中少量添加且可以显著影响沉积产物的形貌、质量、组分等的物质。电解液中的添加剂往往是作为表面活性剂或者生长修饰剂。表面活性剂可以改善溶质离子在溶剂中的分散能力，有利于溶质离子均匀地沉积到电极表面。不同表面活性剂在电极表面的吸、脱附电势不同，添加剂吸附在电极表面会影响电极的表面生长点浓度、表面吸附离子浓度、扩散系数以及吸附离子表面扩散的活化能等，对金属沉积过程的动力学具有较大影响[34]。具体而言，表面活性剂对于金属电沉积过程的影响与其种类有关：①脂肪族烃类（例如，醇、醛、酸）对阴极反应有抑制作用，例如可以抑制氢析出反应。②有机离子除其烃基作用外，静电作用不容忽视，例如带正电荷的阳离子对金属离子会有排斥作用，进而影响金属离子在电极表面的吸附过程。③芳香烃及其衍生物会抑制金属的电沉积过程。④烃基链短，极性基团大的物质对电极影响作用较小，在反应速率较慢的步骤中作用较为明显。因此，结合不同的沉积过程，选择合适的表面活性剂，对于获得理想的沉积层性能具有重要意义[35]。

生长修饰剂可以用于抑制晶体在某些晶面方向的生长，从而促使晶粒沿着特定的方向生长，因此可以获得具有特定晶面暴露的电极材料或者具有特殊形貌结构的电极材料。目前，已有许多报道通过使用电解液添加剂改善沉积产物质量并调节沉积产物形貌，例如柠檬酸可以作为络合剂；抗坏血酸可以用于防止电化学沉积时某些离子的氧化（如防止电化学沉积制备 Ni-Fe 时 Fe^{2+} 氧化成 Fe^{3+}）；糖精可以在沉积层生长时吸附在晶体生长的活性位点上，有效抑制晶体生长，起到晶粒细化的作用，还可以降低沉积层的晶界能，使沉积层中的生长应力降低，起到避免沉积层开裂的作用[36,37]；乙醇酸可以充当缓冲剂和络合剂，还可以用于降低晶体尺寸和表面粗糙度等[18]。

（4）电解液温度的影响　电化学沉积所得产物的形貌也会受到沉积过程中电解液温度的影响。温度对于电沉积过程的影响较为复杂。

首先，温度的变化会改变电解质溶液的电导率、离子活度、溶液黏度等。例如，升高温度会影响以下几个方面：①增加电解质溶液的电导率；②提高离子扩散速度；③使反应离子具有更高活化能，降低了电化学极化[35]。

其次，根据能斯特方程，温度会影响离子氧化还原反应的平衡电位、金属沉积电位和析氢电位等诸多因素[35,38]。

对于反应

$$aA + bB \longrightarrow cC + dD \tag{3-2}$$

$$E = E^\ominus + [\ln(c_C{}^c c_D{}^d)/(c_A{}^a c_B{}^b)]RT/nF \tag{3-3}$$

式中，a、b、c、d 表示方程系数；A、B、C、D 表示反应物与生成物；E 表示析出电位；$E^\ominus$ 表示平衡电位；$c_X(X=A、B、C、D)$ 表示相应反应物与生成物的浓度；R 表示气体常数；T 表示温度；n 表示电极反应中得到和失去的电子数；F 表示法拉第常数。金属沉积特别是多金属沉积时，金属的沉积电位受温度的影响较大。例如，随着温度的升高，锡在锡酸盐电解液中的沉积量会增加，铜在氰化物电解液中的沉积量会增加。当这些金属与其他受温度影响较小的金属共沉积时，会优先沉积。因此，需要根据实际生产情况来调控电解液的温度。

（5）沉积基体表面的影响　基体表面对电化学沉积物的微观结构具有重要影响。基体的影响中主要存在两个现象：外延生长和膺形性。外延生长是指基体和位于界面或界面附近沉积层在原子排列晶格上具有与体系相似的结构，即基体材料的形态和结构延续到其上沉积产物的诱导行为。膺形性是指基体晶界和相似几何特征在镀层中的延续。因此，基体的结构组成对于沉积产物的微观结构及两者之间的界面结合具有重要影响。此外，基体的粗糙度和清洁度对沉积层和结合力的影响也不容忽视[34]。如前所述，电化学沉积的关键是沉积电解质中的离子在基体（工作电极）上的成核和生长过程。通常，在具有较低表面能的基体上进行电化学沉积，其成核的能量相对较高。因此，在低表面能的基体表面，沉积产物会在少数的成核位置上生长为散乱的不规则晶粒，沉积产物与基体之间结合力相对较差。随着沉积层厚度的增加，由于沉积层中相邻两个原子层的排列不同，其沉积层内部应变能随之增加，进而导致沉积产物的脱落。因此，为了保证沉积产物与基体之间的紧密结合，在电化学沉积之前，可以采用蚀刻的方法来增加表面粗糙度，或者选用表面粗糙度较高的集流体基体[16]。

3.2　离子电池

为了满足电网规模储能和电力交通运输的需求，下一代二次离子电池需要有更高的能量密度和循环寿命。离子电池主要依赖离子在正负极之间往返的嵌入和脱出以实现能量存储。在电池充放电过程中，离子在正负极之间的来回迁移就像摇动的椅子，故而也被形象地称作"摇椅型电池"，其种类包括锂离子电池、钠离子电池、钾离子电池、锌离子电池、镁离子电池、铵离子电池等。通常，可通过在离子电池负极材料的单位体积和质量中存储更多的反应离子（Li$^+$、Na$^+$）来获得更高的能量密度。

以锂离子电池为例，Li 具有与多种金属（M）电化学合金/去合金化的能力，如硅(Si)、锡(Sn)、锑(Sb)、铝(Al)、镁(Mg)、钙(Ca)、锌(Zn)、铟(In)、铋(Bi)、锗(Ge)、铅(Pb)、砷(As)、铂(Pt)、银(Ag)、金(Au) 等，为二次锂电池的负极提供了丰富的材料选择，对发展高能量密度的离子电池体系具有重要意义，反应式为[39]：

$$x\,Li^+ + x\,e^- + M \Longleftrightarrow Li_x M \tag{3-4}$$

然而，负极材料在离子电池的工作过程中面临一系列的挑战。例如，电极在锂化/去锂化过程中会发生较为严重的体积膨胀和收缩，引起电极材料的粉化甚至失去电接触，在电池循环过程中表现出较大的容量衰减，进而影响电池的循环寿命。因此，电极在锂离子的嵌入和脱出过程中保持体积的稳定性是非常重要的。此外，在锂离子电池的充放电过程中，电极材料与电解液会在界面发生反应，形成一层覆盖于电极材料表面的钝化层，即固体电解质中间相（solid electrolyte interphase，SEI）。该 SEI 层的形成会消耗部分 Li$^+$，并且其组成和结构会影响 Li$^+$ 的迁移过程。当 SEI 层均匀性较差甚至出现破裂时，会造成 Li$^+$ 在 SEI 层中不均匀的溶解和沉积，并且会使现有的 SEI 退化并暴露出新的电极表面，从而导致额外的 SEI 层形成，进一步消耗 Li$^+$ 和电解液，造成电池循环性能的衰减和容量的损失。因而关注 SEI 层的形成和组织结构，并进一步探究改善 SEI 层性能的有效途径，对于发展稳定的离子电池同样具有重要意义。目前开发了三种策略来调控离子电池电极：通过合成金属间化合物 M_1M_2 来缓冲体积变化；将活性元素与炭材料（例如，Si-C，Sn-C）或氧化物（例如，Sb-VO$_4$，Sb-Mn$_2$O$_7$，Sn-Al$_2$O$_3$）复合；使用具有微米级或纳米级结构的负极材料[40]。

① 使用金属间化合物 M_1M_2 作为锂离子电池的负极材料，可以有效地减少体积膨胀效应。基于金属间化合物负极的锂离子电池在充放电工作时，其反应过程只有金属 M_2 作为电化学活性物质用于形成锂合金 LiM$_2$，而另一种金属 M_1 则充当电化学惰性基质，缓冲合金化过程中的体积变化。电沉积技术可通过调节电沉积参数（如电流密度/电压、沉积时间、电解液成分和浓度、电解液添加剂等）来调控电极材料的成分、结构等，是制备合金化电极的有效方法。

② 通过在电极中引入电化学非活性物质改善电池循环稳定性的同时，可能会导致电池中可逆容量的降低，减小电池的能量密度。为了克服上述问题，采用电沉积制备方法将活性元素和炭材料或者氧化物共沉积来制备复合电极材料是一

种可行的方案，其中炭材料和氧化物由于较好的结构稳定性，可以充当防止电极塌陷的缓冲区。炭材料也可有效容纳离子的嵌入，改善电池的循环稳定性。

③ 利用先进的微米/纳米化技术，对电池负极材料中的活性物质进行微米/纳米尺度的结构设计也被证明是一种延长负极循环寿命和提高电池性能的有效方法。微纳材料的优点包括[40~42]：微纳材料对电极体积膨胀的耐受性更高，在与Li反应期间可以适应活性物质的体积变化并保持结构稳定性，因而可显著提高容量和循环寿命；微纳材料具有较大的比表面积，增加了活性材料与电解液的接触面积，可以实现快速锂化和脱锂过程，大大缩短了电子传输和Li^+扩散的距离，从而有利于减少极化并提高倍率性能。

锂离子（同样适用于钠离子等体系）扩散到电极中所需的时间(t）与扩散距离(l）和扩散系数(D）的关系为[43]：

$$t = \frac{l^2}{D} \tag{3-5}$$

从式中可以看出，Li^+/Na^+扩散到电极中所需的时间(t）与扩散距离(l）的平方成正比，与扩散系数(D）成反比。因此，为了提高Li^+/Na^+的传输效率，即减小离子传输所需要的时间，可以通过改变电极的形貌以减小离子扩散的距离来实现。

基于以上对于提高电极体积稳定性和电极离子传输效率的考虑，将金属间化合物电极或者复合电极材料微米/纳米化，理论上可以优化电池的性能。通过电化学沉积的方法可以方便快速地制备具有微米/纳米级尺度的电极材料，并且通过调节电化学沉积参数可以获得不同组成和微观结构的电极。此外，电沉积制备电极的过程中可以避免黏结剂以及添加剂的使用，可直接在电化学活性位点原位生长电极材料，有利于获得高电化学活性以及较好结合力的一体化电极，为发展稳定、高容量的电池体系提供有利条件。

3.2.1 电极成分的电化学调控

电极由集流体与活性物质组成，是电池的重要组成部分，对于电池的性能有重要影响。基于离子嵌入和脱出机制的离子电池体系，在电池的循环充放电过程中伴随着离子的不断嵌入和脱出，电极会发生体积膨胀和收缩，电极的体积稳定性显著影响了电池的循环稳定性。此外，为了满足高能量密度的需求，需要发展具有更高比容量的电极体系，可以通过电极合金化、发展复合材料等方法改善电极性能。如前所述，电沉积作为一种精细电冶金技术，通过调节电沉积参数（电流/电压、电解质、沉积方法）可以调控电极制备过程中的反应动力学以及沉积物的组分。此外，采用电沉积方法制备电极，可以不引入黏结剂等非活性物质，可有效改善活性物质与集流体之间的界面结合，从而提高电极的稳定性。

3.2.1.1 电极合金化

离子电池的充放电循环过程伴随着电极体积的膨胀和收缩，因此电极的体积稳定性对于电池的循环稳定性和比容量具有重要影响。研究表明，合金化方法通过在电极中引入非平衡相或者纳米金属相，可以缓冲离子嵌入过程中的体积变化，是改善电极稳定性的有效方法。电沉积技术可以通过调控沉积参数获得理想的产物成分比例，为金属合金化提供了简便、可控的方法。例如，基于含有多种离子的电解液，设置合理的沉积参数，可以实现不同金属的共沉积。此外，电沉积作为一种保形性制备方法，可以在特定形貌的基底上实现金属的均匀沉积，进而保证了沉积层与集流体之间的紧密结合。

硅（Si）基电极因其高理论比容量（$4200mA \cdot h \cdot g^{-1}$）、低嵌锂电位、高能量密度，被认为是有前景的代替商业石墨电极的材料[41]。Si 电极用于锂离子电池负极的过程中，Li^+ 的嵌入使得 Si-Li 合金化，可以有效提高 Si 电极的导电性。该离子嵌入机制为电沉积制备合金化 Si 电极提供了借鉴。基于此，有研究采用电化学方法制备 Si 基合金负极[44]。如选用有机电解液，以 $SiCl_4$ 作为硅源，聚碳酸酯（PC）作为溶剂，$LiClO_4$ 作为锂盐，以 Cu 箔作为集流体，进行 Si 和 Li 共沉积[45]。电感耦合等离子体光谱仪（ICP）结果表明，沉积产物中存在 Li 和 Si 两种元素。在第一电沉积阶段，使用 $-3.82mA \cdot cm^{-2}$ 的电流密度沉积 10min，沉积层的 Si 与 Li 的原子比约为 1.51（Si 的质量分数为 85.9%）。在第二阶段使用 $-1.27mA \cdot cm^{-2}$ 电流密度沉积 150min 后，Si 与 Li 的原子比降低到约 0.46（Si 的质量分数为 65.0%），这意味着在初始电沉积过程中会沉积更多的 Si。随着沉积过程的继续进行，早期沉积的 Si 将引起 Li 的还原，使得 Li 含量增加，Si 与 Li 实现电化学合金化。在电沉积的早期阶段，许多具有较高 Si 含量的 Li-Si 细小球体（$<1\mu m$）聚集并覆盖了 Cu 基体。在随后的过程中，沉积了更多的 Li，部分 Li 与 Si 形成合金，从而使一次颗粒膨胀，聚集体长大后变成相互连接的多孔颗粒，尺寸为几微米到几十微米。实验对比了基于 Si 电极以及 Si-Li 合金电极的电池性能，结果表明 Si 电极在第一圈循环时表现出非常低的库仑效率（26.7%），循环容量小，而合金化电极在第一圈电池循环过程中表现出 98.2% 的库仑效率，电池性能显著改善。该结果表明，电沉积技术可用于高效地制备 Si 合金负极，所得的 Si-Li 合金电极的性能显著优于 Si 电极。该研究为通过合金化

方法优化电极稳定性提供了有利借鉴。

3.2.1.1.1 锡基负极合金化

锡（Sn）基金属是另一种有前景的用于锂离子电池的负极材料，Sn 与 Li 可形成 $Li_{4.4}Sn$（理论比容量为 $994mA \cdot h \cdot g^{-1}$）[46]。当在集流体上电镀 Sn 薄膜用作锂二次电池的负极材料时，表现出较高的容量。然而值得注意的是，与炭材料相比，Sn 具有较短的循环寿命，因而限制了其实际应用。这是因为在锂离子电池充放电循环过程中，电极的膨胀和收缩而发生的体积变化破坏了薄膜中的导电路径，降低了薄膜的导电性，甚至造成薄膜从集流体上剥落。为了防止 Sn 电极在 Li^+ 的嵌入和脱出过程中发生过大的体积变化，研究者们通过制备氧化锡、Sn 基合金（如 Sn-Zn，Sn-Sb，Sn-Co 和 Sn-Cu）[47~51]和多孔 Sn 合金薄膜来提升 Sn 电极的体积稳定性。因为在充放电循环过程中，氧化物或合金中的惰性元素可以缓冲电极的体积变化，使其具备比纯 Sn 更好的循环能力。电沉积方法可用于实现活性金属（例如，金属 Sn）和非活性金属（例如，金属 Ni 和 Cu）的共沉积。例如，电沉积方法制备的 Cu_6Sn_5 因良好的导电性和容量保持性能而成为有前景的锂离子电池负极材料之一[52]。通过脉冲电沉积直接在集流体上制备 Sn-Cu 合金的方法简单、经济、高效，在电镀行业中得到广泛应用。有研究报道通过在 Cu 箔基底上电沉积 Sn 来获得 Sn-Cu 电极，随后在 Sn-Cu 电极表面沉积 Cu 作为保护层来修饰电极表面，以增强 Cu-Sn-Cu 合金电极的电化学性能[47]。该制备过程采用的脉冲电沉积方法有利于生成较小尺寸的晶粒和缓冲离子嵌入过程中引起的体积变化。另外，利用热处理可以使 Sn 和 Cu 合金化为 Cu_6Sn_5 和 Cu_3Sn，并组成夹层结构。该过程可以将 Sn 基合金的活性成分嵌入富 Cu 的非活性层中，而富 Cu 膜在充电和放电过程中抑制了电极的粉化。当被用作锂离子电池的负极时，该 Cu-Sn-Cu 合金电极的容量保持性能超过 70%，相比于没有 Cu 保护层的电极容量保持性能（＜60%）明显提升。

金属 Ni 作为非活性材料，同样被证实可以有效抑制电极的体积变化[53]。理论上，Sn-Ni 合金与 Li 的相互作用是可逆的。伴随着充电过程中 Li^+ 的嵌入，Sn 从 Sn-Ni 合金结构中分离，形成 Li-Sn 合金相。而在放电过程中，Li^+ 从 Li-Sn 合金相中析出，脱合金的 Sn 被吸收到 Ni 基体中，再次形成 Sn-Ni 合金相。而实际应用中，Sn-Ni 合金（$Sn_{54}Ni_{46}$，$Sn_{62}Ni_{38}$，$Sn_{84}Ni_{16}$）作为锂离子电池负极材料的电极性能取决于合金的具体组成。有研究采用电沉积方法制备了不同组成的 Sn-Ni 合金薄膜，并分析了其作为锂离子电池负极材料的电极性能[53]。实验发现，$Sn_{54}Ni_{46}$ 的结构无法从亚稳的 Sn-Ni 合金晶体中分离 Sn，从而无法发生上述可逆的 Li 与 Sn-Ni 电极合金/去合金化过程。对于 $Sn_{84}Ni_{16}$，可以观察到纯 Sn 相的形成，说明 Sn 没有完全与 Ni 形成合金，导致了第二圈循环后容量下降很大。因此，Sn 和 Ni 形成可逆的合金化/去合金化结构是获得高容量稳定负极材料的关键。其中，主要由 Ni_3Sn_4 结构组成的 $Sn_{62}Ni_{38}$ 可以实现上述可逆反应，同时表现出较高的比容量（654mA·h·g^{-1}）。上述研究表明，电极合金化的合理设计是改善电极稳定性的有效方法，而获得的合金电极性能与电极组成密切相关。如前所述，合金的共沉积需要满足一定的条件，合金的具体组成受沉积参数的显著影响。有研究分析了 Ni 和 Sn 共沉积过程中的电沉积因素（包括沉积电压/电流和电解液）对合金产物组成的影响[54]。结果表明金属的共沉积过程受到电化学反应速率和传质速率的共同影响。通过调控沉积过电位/电流和电解液组成可得到不同计量组成的 Ni-Sn 沉积产物。当 $E > -0.5V$ 时，沉积产物中 Sn 和 Ni 的含量随电压变化较小，其中 Sn 的含量接近 100%，仅有少量的 Ni。当 $-0.5V > E > -0.75V$ 时，Sn 含量逐渐降低，Ni 含量逐渐增加。随沉积电压的进一步减小，当 $E < -0.75V$ 时，由于此时沉积速率受到电解液中离子扩散速率的限制，沉积产物中 Sn 和 Ni 的含量趋于稳定。同时，沉积产物的组成也受到电解液组成的影响。在电解液中 Sn 含量较低时，沉积产物中 Ni 和 Sn 含量的变化随沉积电压变化较为显著。例如在 $Ni^{2+} : Sn^{2+} = 100 : 1$（物质的量）的电解液中，电压由 $-0.5V$ 减小至 $-0.8V$ 时，Sn 含量逐渐从 90% 降低至 0，而 Ni 含量从 10% 增至 100%。而当电解液中 Sn 含量较高时，沉积产物中 Ni 和 Sn 含量的变化随沉积电压变化较小。例如，在 $Ni^{2+} : Sn^{2+} = 1 : 10$（物质的量）的电解液中，电压由 $-0.5V$ 减小至 $-0.8V$ 时，Sn 的含量由 100% 降低到 90%，而 Ni 的含量由 0 增加到 10%。在沉积过程中，随着电压的减小，电流密度增加。该实验结果拟合计算发现，提出沉积产物中 Sn 的比例与沉积电流之间的关系满足：

$$f_{Sn} = 0.136j^{-0.42} \tag{3-6}$$

式中，f_{Sn} 为沉积产物中 Sn 的摩尔分数；j 为沉积电流。

结合上述实验结果以及沉积产物中 Sn 含量随电流的变化，研究表明，当 $j = 1mA·cm^{-2}$ 时，$Ni^{2+} : Sn^{2+} = 50 : 1$（物质的量）的电解质组成有利于获得均匀稳定的沉积产物。该研究结果为设计应用于锂离子电池的 Sn-Ni 合金负极提供借鉴。

Sn 同样可以与金属 Na 合金化，并用作钠离子电池的负极材料。Na 最大程度地嵌入 Sn 后会生成 $Na_{15}Sn_4$，据此计算，Sn 的理论比容量为 847mA·h·g^{-1}，显著高于碳材料（300mA·h·g^{-1}）[55]。但是纯 Sn 在 Na 的合金化/去合金化的过程中会发生明显的体积变化（约 420%），导致其结构失效，因此需要发展新型 Sn 基电极材料，以进一步改善循环稳定性。为了理解和提升用于钠离子电池的 Sn 负极的电化学性能，有研究对 Na-Sn 二元相进行了密度泛函理论（DFT）计算，研究了 Sn 与 Na 的电化学反应的电压分布图[56]。计算结果表明：电压曲线具有四个电压平台，分别对应于 $NaSn_5$、$NaSn$、Na_9Sn_4 和 $Na_{15}Sn_4$ 的反应。在这些研究的基础上，也有研究采用原位 X 射线衍射技术分析了 Na^+ 嵌入 Sn 中的电化学过程，同样证实了在两相区域中形成了四个不同的 Na-Sn 合金相[57]。然而，只有在完全合金化过程中形成的 $Na_{15}Sn_4$ 相与上述 DFT 计算结果完全匹配，其余 Na-Sn 中间相与 DFT 计算所得的合金相不一致。关于 Na 嵌入 Sn 电极中的机制依然存在争议。有研究认为 Na 嵌入 Sn 的过程主要通过四个步骤进行[58]：$Na_{0.6}Sn$ 相、非晶的 $Na_{1.2}Sn$ 相、Na_5Sn_2 相以及最后完全钠合金化的 $Na_{15}Sn_4$ 相。也有研究指出 Sn 的 Na 合金化过程分为两个步骤[59]：第一步是 Sn 转化为非晶的 $NaSn_2$，第二步是形成非晶的 Na_9Sn_4 和 Na_3Sn，以及结晶的 $Na_{15}Sn_4$。由于电极的合金化/去合金化动力学高度依赖于它们的表面形态和微观结构，两种不同的机理可能是由于相转变过程受到了动力学因素（制备条件以及样品条件）的影响。因此，有研究在不含黏结剂与添加剂的情况下，采用电沉积方法制备了两种不同晶型的 Sn 纳米颗粒负极，并研究了其钠合金化过程[56]。研究表明，Na^+ 与 Sn 的合金化过程主要涉及的反应步骤有：首先是 β-Sn 的钠合金化过程，在少量 Na 的嵌入后形成非晶 NaSn，随后形成结晶的 Na_9Sn_4 和 $Na_{15}Sn_4$。该实验还表明不同晶型的 Sn 合金表现出不同的电极稳定性，对于硫酸溶液中制备的"P 型 Sn 合金"（JCPDS card No. 00-065-2631），因为其材料的绝缘性，表现出较差的循环性能，40 圈循环后容量仅有初始容量的 19.75%。与之相比，由焦磷酸盐电解质制备的"L 型 Sn 合金"（JCPDS card No. 00-065-2631，表现出较强的 [101]、[211] 和 [112] 取向性）具有较好的容量保持率，40 圈循环后容量保持率为 98.21%，如图 3-3 所示。

如前所述，电沉积过程中集流体的性质会影响沉积产物的结构和组成。此外，集流体与沉积产物之间的结合力对于电极的稳定性也具有重要影响。如果沉积层与基底之间结合力较差，可能导致活性物质从集流体上脱落，进一步导致电阻增加，电池循环稳定性差。在电极的充放电过程中，电极的活性物质会随离子的嵌入/脱出发生体积膨胀/收缩，会造成沉积层与集流体的体积变化差异，导致活性物质的脱落。因此，改进电极的集流体对于改善活性物质与集流体循环过程中的稳定性，进而提高电池稳定性，具有重要意义。例如，有研究在 Cu 箔和聚

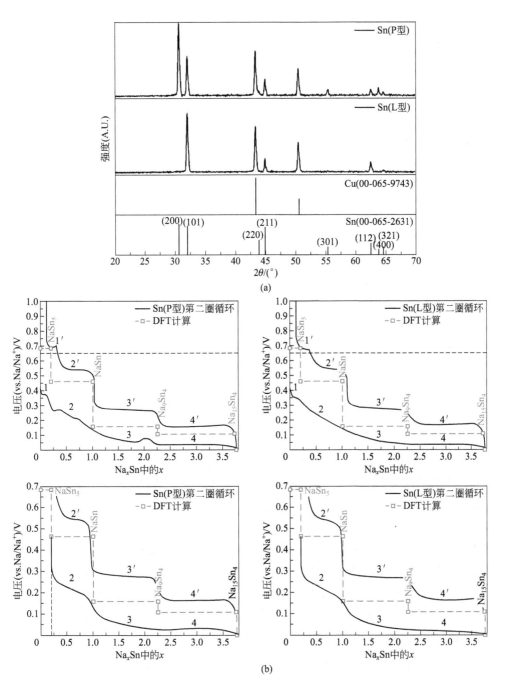

图 3-3　P 型以及 L 型合金 XRD 图谱和 P 型以及 L 型合金 Na⁺ 嵌入过程分析[56]

合物集流体（例如：聚吡咯 PPy）上电沉积制备了 Cu-Sn 合金，并进行了性能对比[60]。相比于 Cu 箔，在聚合物集流体上得到的 Cu-Sn 合金具有更小的颗粒尺寸以及更致密的结构，并且聚合物集流体的高塑性和柔性等性能可以有效缓冲离子嵌入过程中的电极应力，在提高电池的循环性能和质量能量密度等方面具有优势。但是聚合物集流体的导电性相比于 Cu 箔集流体较差，并且聚合物集流体上得到的 Cu-Sn 合金结晶度较差，使得该电极的倍率性能有限。该研究进一步采用电沉积制备自支撑 Cu-Sn 合金电极，结果表明其相比于 PPy 集流体上得到的 Cu-Sn 合金沉积产物，具有更高的结晶性，有利于改善电极中的离子迁移。当用作锂离子电池电极时，表现出较好的容量保持性能，同时具有优越的高倍率循环性能，在 $6A \cdot g^{-1}$ 电流密度下充放电循环 700 圈，比容量仍有 $332mA \cdot h \cdot g^{-1}$，接近石墨的理论容量，表现出广泛的应用前景。

3.2.1.1.2 锑基负极合金化

相比于石墨电极，Sb 基材料具有更高的储 Li 容量而受到关注[61,62]。由于 Sn 和 Sb 都可以与 Li 合金化实现电极的高容量[61]，有研究提出将 Sn-Sb 合金作为负极材料，并在其中添加了第三种元素 Cu[63]。Sb 和 Sn 的 Li 嵌入能不同，当一种组分与 Li 反应时，另一种组分可以"缓冲"正在反应的组分的体积变化。Cu 可以在整个电化学反应过程中充当惰性基质，而逐层电沉积技术为制备 Sn-Sb-Cu 合金薄膜提供了有效方法。实验表明，Cu 的存在有效抑制了充放电循环过程中电极的粉末化，并且经过进一步热处理后电极具有更小的颗粒尺寸和更多的表面阴离子，提供了更多的活性材料，获得了 $962mA \cdot h \cdot g^{-1}$ 的初始容量，并且在 30 圈循环后，容量保持在 $715mA \cdot h \cdot g^{-1}$。相比于未热处理的样品，容量保持率提升约 80%。但是由于电极表面含有较多的 Sb 和 SnO，退火后的电极具有较低的初始库仑效率（约 77%），通过调控沉积物中活性物质的比例可以进一步优化电化学性能。

化合物 Cu_2Sb 也被证实是一种很有前景的合金负极材料，在锂化和去锂化过程中具有较好的可逆性。其中，Sb 以面心立方阵列的方式排列，充当充电过程中 Li 嵌入的灵活骨架，金属 Cu 可以作为晶粒间电接触的导电介质[64]。该合金在与 Li 合金化/去合金化循环期间会重整其原始结构，这是 Cu_2Sb、完全锂化的 Li_3Sb 和中间的 Li-Cu-Sb 三元相之间的结构关系所致[65]。电沉积制备负极材料可实现活性材料与集流体之间良好的电接触，减少了对传统导电炭添加剂和黏合剂的需求。在此基础上，有研究通过脉冲电沉积将 Sb 均匀沉积到三维有序的 Cu 集流体的纳米线阵列上，并经过后续热处理实现 Sb 与 Cu 的合金化（图 3-4），显著地改善了集流体和电极材料之间的界面[66]。这个过程不需要添加额外的惰性材料来缓冲循环过程中的体积变化。实验发现电极性能与电沉积条件有关。脉冲电沉积制备过程中，调控沉积过程和静置过程的时间会影响沉积产物的形貌，进而影响电极性能。实验表明，在 -1.3mA 持续沉积 10ms，静置时间为 50ms 的条件下得到的沉积产物具有更好的容量保持性能，该条件下得到的合金沉积产物组分更均匀，改善了电极中由于单纯 Sb 相的存在而造成的较大体积变化。同时，该电极表现出较好的倍率性能，能够在 $C/10$、$5C$、$2C$ 和 $1C$ 下各经过 10 圈循环后，在电流恢复到 $C/10$ 时，仍恢复其放电容量并表现出稳定的容量保持性能。

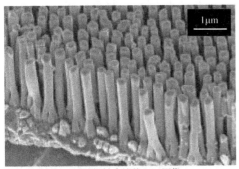

(a) 原始铜纳米线的SEM图像

(b) 沉积条件为-2mA电流下沉积100ms,静置50ms,
沉积时间为2h得到的纳米线SEM图像

(c) 沉积条件为-1.3mA电流下沉积50ms,静置50ms,
沉积时间为2h得到的纳米线SEM图像

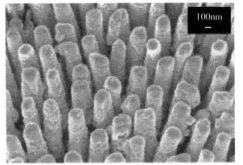

(d) 沉积条件为-1.3mA电流下沉积10ms,静置50ms,
沉积时间为2h得到的纳米线SEM图像

图 3-4　Cu 纳米线集流体以及通过不同脉冲电沉积参数得到的 Sb 沉积产物[66]

　　然而，上述制备方法受到了后续热处理的限制。因为 Sb 比 Cu 具有更高的蒸气压[64]，热处理过程可能会造成 Sb 的损失，进而影响最终产物组成的均匀性。因此，采用电沉积的方法直接在集流体上沉积 Cu_2Sb 具有显著优势。但是，值得注意的是，Cu_2Sb 作为一种金属间化合物，其沉积过程比较复杂。由于 Cu

和 Sb 的共沉积需要同时控制两种元素的沉积电位和速率，采用电沉积方法直接制备 Cu_2Sb 化合物存在以下挑战：第一，水溶液中 Cu 和 Sb 的还原电势相差约 130mV，Cu 优先在较小的还原电势下沉积；第二，Sb 盐可溶于酸性溶液，但是由于受到氢析出反应的影响，无法在酸性溶液中电沉积 Sb，而在中性电解液中，Sb 会沉淀形成 Sb_2O_3。因此，Cu 和 Sb 的共沉积需要将 Sb^{3+} 保持在弱酸性溶液中，并选择较小的还原电势。有研究提出在电沉积 Sb 的电解液中添加柠檬酸，因为柠檬酸可以在 Cu 和 Sb 的电解液中作为络合剂[64]。Sb^{3+} 与溶液中柠檬酸根的络合抑制了 Sb_2O_3 的形成，同时使得溶液的电化学窗口变宽。这对于直接沉积所需的 Cu_2Sb 薄膜至关重要。结果表明，在 pH 值＝6 的条件下，Cu 和 Sb 元素的还原电势较为一致，有助于实现 Cu、Sb 的单电势沉积，得到结晶 Cu_2Sb 薄膜，并且与集流体具有良好的电接触性能。

此外，也有研究通过电沉积的方法制备了 Cu-Sb 纳米线，并且分析了活性材料与集流体之间的化学和机械相互作用对负极材料循环稳定性的影响[67]。如前所述，基体的结构组成及其粗糙度对于沉积产物的微观结构及两者之间的界面结合具有重要影响。负极活性材料与集流体之间的结合不紧密和界面不连续会导致电极活性材料的分层，造成负极材料与集流体之间失去电接触，产生不可逆的容量损失。基于此，有研究采用电沉积的方法控制集流体与负极活性材料的相互作用，进而提高 Cu-Sb 薄膜负极的循环寿命[65]。采用水系电解质，分别以 Cu 箔和 Ni 箔为集流体沉积 Cu-Sb 薄膜。实验发现，在室温存储或电池循环过程中，Cu-Sb 电极薄膜与 Cu 箔集流体之间的相互扩散导致在界面处形成柯肯德尔空隙 [图 3-5(a)]，而空隙的存在会削弱电极活性材料与集流体之间的界面结合，降低两者之间的电接触，并导致 Cu 集流体上合金负极的循环稳定性降低。对于 Ni 集流体，界面上没有观察到相似的扩散作用 [图 3-5(b)]，改善了 Cu-Sb 合金负极的循环稳定性。该研究还发现电极活性材料的组成对于电池性能具有重要影响。实验表明，对于组成为 $Cu_{2-x}Sb$ 的薄膜（$0<x<2$），在 $x=1$ 左右可获得最佳的循环稳定性。$Cu_{2-x}Sb$ 这种非化学计量比的组成有利于 Li-Cu-Sb 三元相的形成，与 SEI 层的形成相比，减少了 Cu 的消耗。

Cu-Sb 合金也是钠离子电池中有前景的电极材料。例如，采用电沉积的方法在 Cu 集流体上制备 Sb/Cu_2Sb 电极，并用于钠离子电池[68]。该合金电极表现出较好的循环稳定性和倍率性能，在 120 圈充放电循环过程中，电池的充电容量保持在 $485.64mA \cdot h \cdot g^{-1}$，库仑效率为 97%。即使在 $3C$ 倍率下测试，电池的容量保持率仍可达到 70%。

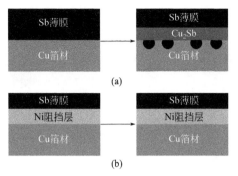

图 3-5　有无 Ni 阻挡层的 Cu 箔集流体上沉积 Sb 的截面示意图[65]

3.2.1.1.3　其他负极材料

硫化铜是另一种具有丰富化学计量比的功能半导体材料,在传感器、太阳能器件和光电子器件中得到了广泛的应用。此外,因其具有合适的带隙($E_g = 1.2eV$)、优异的电导率($104S \cdot cm^{-1}$)、环境友好等特性,在锂离子电池和钠离子电池中具有广阔的应用前景[69]。有研究将硫化铜(CuS 和 Cu_2S)应用于锂离子电池,表现出了理想的储 Li 性能[69]。还有研究提出采用电化学合成的方法,在熔融盐($KCl-NaCl-Na_2S$)中可控制备不同相结构的硫化铜化合物(Cu_2S、Cu_7S_4 和 Cu_7KS_4),并将其用作钠离子电池的负极材料[69]。研究发现,Cu_2S 表现出优异的 Na^+ 容纳能力。Cu_2S 在 $20A \cdot g^{-1}$ 电流密度下具有 $337mA \cdot h \cdot g^{-1}$ 的容量和较长的循环寿命(在 $5A \cdot g^{-1}$ 电流密度下 5000 圈循环后,容量保持率为 88.2%)。通过进一步对其在钠离子电池中的反应机制分析发现,在 Cu_2S 电极的 Na^+ 嵌入过程中,形成了均匀分散的 Cu 和 Na_xS 颗粒。这有助于在 Na^+ 脱出过程中,伴随着 Na_xS 的消耗,形成多孔结构的 Cu_2S。因 Cu_2S 良好的导电性和较高的孔隙率,多孔的 Cu_2S 为 Na^+ 和电解质提供了传输通道(图 3-6),有利于稳定的 Na^+ 嵌入和脱出过程的进行。总之,基于 Cu_2S 化合物本身较好的 Na^+ 容纳能力以及充放电过程中形成的稳定的多孔网络,Cu_2S 电极表现出良好的倍率性能和循环稳定性。

磷化物也可用作离子电池负极材料。在与 Li 反应的过程中,P 通过三电子反应形成 Li_3P,具有 $2595mA \cdot h \cdot g^{-1}$ 的理论容量,因而受到研究者的关注[70]。其中,FeP、FeP_2 和 FeP_4 能够可逆地与 Li 反应(理论容量分别为 $926mA \cdot h \cdot g^{-1}$、$1350mA \cdot h \cdot g^{-1}$ 和 $1790mA \cdot h \cdot g^{-1}$)。电沉积的方法可用于制备非晶态磷化铁,与结晶态相比,具有相对低的原子堆积密度,可以有效地降低与 Li 合金化过程中引起的力学应力,从而以改善循环稳定性。有研究采用电沉积的方法在

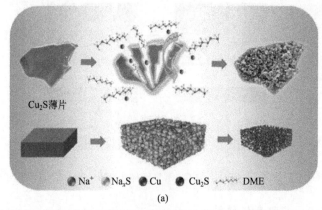

(a)

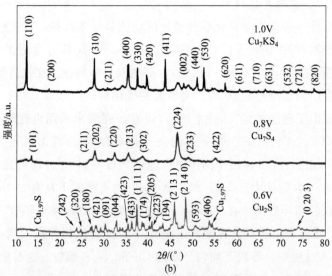

(b)

图 3-6　不同循环周期下 Cu_2S 电极的形貌变化示意图[69]

$FeSO_4 \cdot 7H_2O$ 和 $NaH_2PO_2 \cdot H_2O$ 的前驱体溶液中制备了不同 P 含量的 FeP_y（$0.1 < y < 0.7$）薄膜[71,72]。通过对比不同组成的负极材料性能得出，随着薄膜中 P 含量的增多，电池的容量增加，对于其在离子电池中的应用具有指导意义[72]。随后，有研究对电沉积得到的 FeP_y 薄膜进行选择性电化学处理，从沉积的 FeP_y 薄膜中溶解 Fe 和富 Fe 相，将薄膜中 P 含量（原子分数）从低于 22% 增加至 46%～48%[71]，并且在电化学选择性溶解后电极仍保持力学稳定性。当用作锂电池负极时，相比于低 P 含量的电极，容量增加 3 倍，同时电极表现出良好的循环稳定性，在 30 圈充放电循环后，仍可保持大于 $420mA \cdot h \cdot g^{-1}$ 的可逆放电容量。

电极合金化因其电极内非平衡相及非活性物质的存在，有利于改善电极在离子嵌入和脱出过程中的体积稳定性。电沉积技术可以实现不同元素的共沉积，是电极合金化的重要合成手段。同时，采用电沉积技术在集流体表面制备均匀薄膜为后续合金化过程提供了有利基础。但是在锂离子电池的应用中，由于合金化电极引入了非活性物质，导致循环过程中不可逆容量损失，造成能量密度下降，限制了其在追求高质量能量密度电池中的应用。因此，合金化电极依然需要进一步研究以优化其性能。

3.2.1.2 复合材料

通常，导电添加剂在电极制备过程中具有重要作用，可以改善电子传导，进而提高锂离子电池的充放电速率和循环寿命。为此，电极材料中通常需要添加导电碳颗粒，例如乙炔黑、碳纳米管和石墨等以改善其导电性。除用作导电添加剂外，碳材料具有质轻、导电性好等优势，是良好的导电集流体，并且还可以用于锂离子的嵌入反应。例如，石墨电极是商业化锂离子电池中常用的电极材料。另外，电极制备过程中通常会引入黏结剂，用于保证活性材料和集流体（例如，Al和Cu）的良好结合，这对于电池的循环稳定性至关重要。在传统的锂离子电池中，聚偏氟乙烯（PVDF）是常用的黏合剂。但是，黏结剂是电化学惰性材料，会降低电极的能量密度和功率密度。当导电添加剂和黏结剂不能被均匀分散时，电池的倍率性能和安全性等性能会极大地降低。电化学方法在制备过程中可以不引入黏结剂和导电添加剂等，是提升电极比容量的有效方法，对于发展高性能电池具有重要意义。

因此，有研究将碳纸作为集流体，$CH_2CHSiCl_3$（VTC）作为前驱体制备Si-C复合材料[73]。相比于以Si的传统卤化物（SiX_4）作为前驱体合成Si电极的方法，VTC具有更稳定的性质，在沉积过程中，伴随着VTC的还原反应，在碳纸上会形成一种新型的非晶复合薄膜SiO_xC_y（图3-7）。SiO_xC_y薄膜在用作锂离子电池的负极材料时，表现出较良好的电化学性能[73]，在1 C下进行充放电循环测试，表现出$3784.6mA \cdot h \cdot g^{-1}$和$1919.8mA \cdot h \cdot g^{-1}$的初始充电和放电容量。

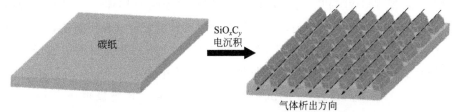

图 3-7 碳纸上 SiO_xC_y 沉积过程示意图[73]

此外，当使用 Si 作为锂离子电池的负极时，在充放电过程中容易与 Li⁺ 反应，生成不同 Li 含量的合金。同时，相变会引起 Si 负极的结构和体积变化，导致较差的循环稳定性和容量保持率。因此，在制备 Si 负极的过程中需要为 Li⁺ 的嵌入预留空间。在含有 VTC 的电解质中，以碳纸作为集流体电沉积得到的 SiO_xC_y 薄膜，呈现出均匀有序的形貌，具有一定的内部空隙，为 Li⁺ 的嵌入提供了膨胀空间，有利于改善电极稳定性，提高锂离子电池的寿命。该 SiO_xC_y 电极在锂离子电池中的反应机制为：

$$2SiO_2 + 4Li^+ + 4e^- \longrightarrow Li_4SiO_4 + Si \qquad (3-7)$$

$$SiO_2 + 4Li^+ + 4e^- \longrightarrow 2Li_2O + Si \qquad (3-8)$$

$$Si + xLi^+ + xe^- \longrightarrow Li_xSi \qquad (3-9)$$

同时，Si 电极中引入的 C 也会与 Li⁺ 反应，有利于提升 SiO_xC_y 负极的容量以及电池的稳定性[73]，在 1000 圈充放电循环后，电池仍具有较高的充电容量（1020.5mA·h·g⁻¹）[73]。以上研究为进一步探究高稳定性的电极材料提供了借鉴。

在基于 Si 负极的离子电池中，反应主要是基于 Si 电极在 Li 嵌入过程中的合金相的形成及充放电过程中电极的可逆变化。基于此，有研究提出以原位 Li⁺ 电化学嵌入作为电沉积方法，用于制备 Li-Si/C 复合电极[74]。结果表明，以碳材料作为集流体，非合金化 Si 作为活性成分，可以原位合成 Li-Si/C 复合电极。该复合电极表现出较好的放电容量，并且通过与 M_xO_y 正极材料组合实现了较高的能量密度。实验中可以通过控制不同的循环次数得到不同 Li 含量的电极，成分组成（原子分数）为 64% C-21.6% Li-14.4% Si 的复合电极具有最佳的容量保持率（每个周期约 0.13% 损耗）和高比容量（约 700mA·h·g⁻¹）以及较高的能量密度（432W·h·kg⁻¹）。

除了上述以碳材料作为集流体制备复合负极，共沉积是另一种简便有效的制备复合电极的方法。通过金属与碳材料的共沉积，可以实现两者较好的电接触，以及复合材料与集流体良好的结合。有研究提出通过脉冲共沉积的方法制备 Sn/多壁碳纳米管（MWCNT）复合电极[75]，沉积过程受到 MWCNT 浓度以及电流密度等的影响。值得注意的是，为了获得分散良好的复合材料沉积层，需要制备均匀稳定的前驱体溶液。对沉积产物分析发现，MWCNT 的引入增加了形核位点，降低了晶体生长速率，从而获得了具有较小晶粒尺寸的 Sn 沉积产物。MWCNT 上的缺陷同样为 Sn 的沉积提供了活性位点。该电极可适应 Li 嵌入过程中出现的应力膨胀，具有更好的电极稳定性[75]。相比于单纯的 Sn 电极

（43%），Sn/MWCNT 表现出更高的容量保持性能（75%）。此外，也有研究采用脉冲共沉积的方法在 Cu 集流体上成功制备了 Sn-Ni/MWCNT 复合电极[76]。该复合电极因 MWCNT 以及金属 Ni 的引入而改善了导电性，并且最终形成的核壳结构有利于容纳 Li 嵌入过程中生成的应力，改善了电极的容量保持性能。

除与碳材料复合外，也有研究采用含有 $SiCl_4$ 的有机电解质，实现了一步电沉积法制备 Si-有机/无机复合电极[77]。图 3-8 是 Si-O-C 复合薄膜电沉积示意图。可以看出，在沉积过程中 $SiCl_4$ 和聚碳酸酯（PC）同时分解，从而形成了 Si-O-C 复合薄膜。该复合膜由 SiO_x 和有机化合物组成，SiO_x 是 Si 和 SiO_2 的混合物。沉积过程中伴随着有机溶剂的分解，最终形成了 Si-O-C 复合电极[77]。该复合电极可以有效容纳电极在 Li 嵌入过程中形成的应力，保持较好的体积稳定性，在 2000 圈循环后，其放电比容量仍有 $1045mA \cdot h \cdot g^{-1}$，在第 7200 圈循环时的放电比容量为 $842mA \cdot h \cdot g^{-1}$。对电极循环过程中的形貌以及组成分析可以发现，纳米级均匀分散的 SiO_x 有助于提升电极的体积稳定性。此外，有机溶剂分解产物的缓冲作用可以抑制电极在膨胀过程中裂纹的形成。上述电极中由活性材料、惰性材料以及有机化合物组成的混合物，为锂二次电池电极提供了优异的性能。

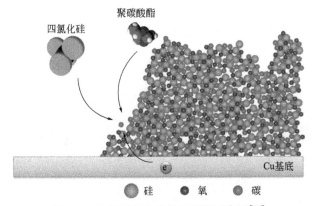

图 3-8　Si-O-C 复合薄膜电沉积示意图[77]

与碳材料复合同样适用于提升 Sn 基电极的性能。有研究在多孔碳纳米纤维表面电沉积制备 SnO_2，并进一步在该多孔碳纳米纤维（PCNF@SnO_2）复合电极表面沉积 C 层得到 PCNF@SnO_2@C 复合电极[78]。C 层的引入有效提高了电极的导电性，并且减少了活性材料与电解质的直接接触，有利于更稳定的 SEI 膜的形成。PCNF@SnO_2 复合电极在 100 圈循环后容量保持率为 65.67%，而 PCNF@SnO_2@C 复合电极的循环稳定性较高，在电池 100 圈充放电循环测试后，具有 586mA·h·g^{-1}放电容量，相应容量保持率为 78.3%，并且仍表现出高库仑效率（99.8%）。此外，也有研究采用电沉积的方法在水系电解液中实现了 Sb 和碳纳米管（CNT）共沉积，并且将该 Sb/CNT 复合负极应用于锂离子电池和钠离子电池中[79]。图 3-9 为 Ni 箔集流体上沉积 Sb 与 Sb/CNT 复合电极的 SEM 图及截面 SEM 图。在两种不同离子电池中进行充放电循环测试，由于与 CNT 的复合提高了电极容纳离子嵌入的能力，Sb/CNT 相比于单独的 Sb 电极表现出更高的可逆容量和更稳定的充放电循环性能。在锂离子电池中，CNT 的引入对于改善电极性能的作用更为显著。基于 Sb 电极的锂离子电池的比容量约为 400mA·h·g^{-1}，与之相比，基于 Sb/CNT 复合电极的锂离子电池具有更高的比容量（约 660mA·h·g^{-1}），并且容量保持性能明显改善。在钠离子电池中，Sb 电极的容量约为 400mA·h·g^{-1}，并且在 100 圈循环后开始出现容量衰减；而 Sb/CNT 复合电极的容量约为 500mA·h·g^{-1}，具有较好的容量保持性能，可以稳定循环 150 圈以上。该研究还证明了电沉积 CNT 复合电极的方法可以扩展到其他合金/CNT 复合活性材料的制备中。例如 Sn-Sb/CNT 复合材料，当用作锂离子电池负极时，电池的比容量约为 600mA·h·g^{-1}，并且在 75 圈循环过程中具有较好的容量保持性能。以上研究成功地说明了复合材料有利于改善电极的力学稳定性和延长锂离子电池和钠离子电池的循环寿命。

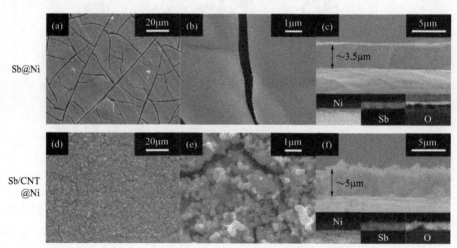

图 3-9　Ni 箔集流体上沉积 Sb 与 Sb/CNT 复合电极的 SEM 图及截面 SEM 图[79]

电化学方法具有简便、可控的优势。在实际生产实践中，可使用分步电沉积、共沉积以及电化学反应原位沉积等技术制备复合电极材料。复合材料的制备过程伴随着不同沉积物质的反应动力学以及复杂的物理化学反应过程，导致形成了具有不同性质的复合材料。此外，复合材料的组分在电沉积过程中会受到沉积电压、电流等因素的影响，因此需要调控最佳的电化学沉积参数（例如，电解液的组成，沉积电压/电流等）以改善材料的组成，从而获得高性能的电极。

3.2.2 电极微观结构的电化学调控

目前，已经进行了大量通过电化学沉积方法进行电极材料微观结构的调控的研究，为了便于讨论，根据是否需要采用模板，将其划分为模板法电化学沉积和无模板法电化学沉积两大类。图3-10为模板法、无模板法以及其他方法辅助电化学沉积制备示意图。

3.2.2.1 模板法电化学沉积

模板法电化学沉积是选择具有一定形貌的材料（如纳米孔、纳米球、纳米管等）作为模板，且以其为电沉积的工作电极，利用电解质中离子在阴极的还原沉积，使得沉积物在模板的限制下逐步生长，然后溶解模板，以获得具有特定形貌结构的方法。该方法可用于多种微观结构材料的可控制备，且产物的尺寸可调，制备可以在较低温度下进行。对于模板法电化学沉积，除了模板本身可以用于调控沉积产物形貌外，电化学沉积条件（包括电流密度/电压、电解质成分及浓度、电解质添加物、pH值和温度等）也可以用于调控沉积产物的微观结构。目前，可以用作模板的材料有阳极氧化铝、二氧化钛纳米管、径迹刻蚀聚合物、氧化锌纳米棒、微纳米胶体球、嵌段共聚物、液态晶体等。

① 阳极氧化铝是一类常用于合成纳米线、纳米棒或纳米管的模板。以阳极氧化铝为模板，在其通道内部通过电化学沉积的方法沉积电极活性材料，然后用强碱或强酸（通常是氢氧化钠或磷酸）对模板进行化学溶解，根据填充程度的不同，最终可以得到纳米线、纳米棒或纳米管形貌的材料。阳极氧化铝模板在其阳极氧化的合成过程中，可以通过调节阳极氧化过电势的大小和时间，来控制所合成模板的孔径、孔壁厚度、孔密度、孔间距和孔长度等。因此通过选用不同类型的阳极氧化铝，并以此为模板进行电化学沉积，将其溶解后就可以获得不同直径、分布密度、长度等的纳米线、纳米棒或纳米管形貌[10]。基于特殊的结构设计，使用阳极氧化铝模板制备的电极可以获得较大的比表面积，有利于电极与电解质的充分接触和离子的快速扩散。此外，阳极氧化铝模板还可以用于电化学沉积制备集流体，有助于高比表面积集流体的形貌设计。以阳极氧化铝模板辅助合成的集流体为基体，在其表面进行电极活性物质的电化学沉积，有助于增加集流体与电极活性物质之间的接触面积，从而获得较好的电池性能。例如，先在阳极

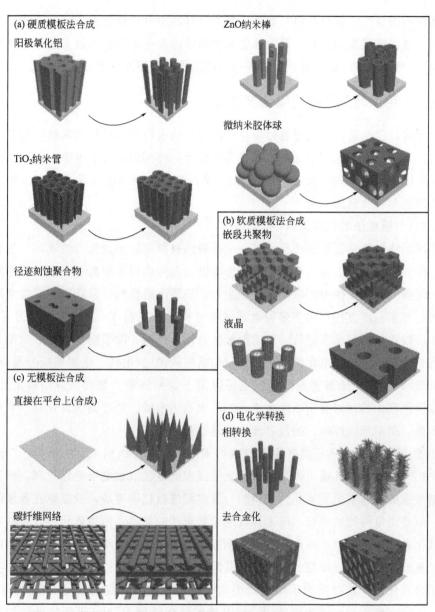

图 3-10　模板法、无模板法以及其他方法辅助电化学沉积制备示意图[10]

氧化铝模板上通过溅射的方式获得一层 Cu 作为集流体，之后以该模板支撑下的
Cu 为工作电极，通过电化学沉积的方法沉积 Ni-Sn 金属间化合物。用 NaOH 将
模板溶解掉后，就可以得到长度约为 300nm 的 Ni-Sn 纳米线电极[80]。研究表
明，Ni-Sn 纳米线作为锂离子电池的负极材料，可用于研究锂离子的嵌入与脱出

机制。在电池充电时，由于锂化作用，纳米线会发生膨胀、伸长和螺旋等变形，其锂化部分是一个包含高密度移动位错的区域，并且这些位错的前端会出现连续的成核与吸收。该位错团是由电化学驱动的固态非晶化（锂化过程中通常会伴随的相变）的结构前驱体，其形成表明了电极内部具有较大的面内失配应力。有趣的是，研究者发现纳米线的结构具有较大的塑性可变形性，尽管锂化反应界面有较高的应变，但仍未在 Ni-Sn 纳米线中观察到破裂或开裂现象。该研究为解决锂离子电池锂化过程中引起的体积膨胀、塑性变形和电极材料的塌陷等问题提供了重要的理论依据[81]。

利用阳极氧化铝模板辅助电化学沉积的制备方法，还可以制备核-壳结构的纳米管形貌的电极材料，并用于离子电池。通过利用核、壳两层组分的优点与彼此的增强或修饰作用，可以有效地稳定电极表面的组织和结构[82~84]例如，以阳极氧化铝为模板，通过电化学沉积的方法，可以一步合成具有聚环氧乙烷（polyethylene oxide，PEO）保护涂层的 Sn-Ni 合金纳米管（图 3-11）。其中，PEO 用于保持电极的结构和界面稳定性。研究发现，制备所得核-壳结构的 Sn-Ni/PEO 电极具有较好的循环稳定性。以其为电极组装的锂离子电池，在工作 80 圈循环之后，电池容量为 $533\text{mA} \cdot \text{h} \cdot \text{g}^{-1}$，约是非核-壳结构 Sn-Ni 电极所组装的锂离子电池容量的三倍[85]。

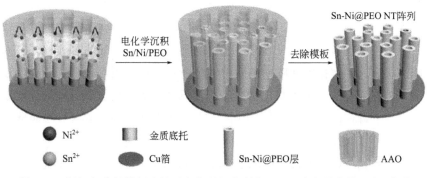

图 3-11　阳极氧化铝模板法辅助电化学沉积制备 Sn-Ni 合金纳米管示意图[85]

② 由于一些沉积产物可以同时溶解于酸性和碱性溶液，无法使用上述阳极氧化铝模板法进行制备。径迹刻蚀聚合物模板法辅助电化学沉积，为两性化合物的合成提供了一种有效的制备方案。径迹刻蚀聚合物模板的制备是通过使用重离子轰击聚合物薄膜（如聚碳酸酯、聚对苯二甲酸乙二醇酯等），在聚合物受损的地方会产生"径迹"，然后对其进行化学刻蚀，可以刻蚀出精确的轨迹，从而得

到具有特定形貌结构的模板材料。基于此模板，可以进行自下而上的电化学沉积以填充通道内部，之后，使用有机溶剂（例如二氯甲烷、氯仿）去除模板。根据刻蚀轨迹的不同，可以得到具有不同形貌结构的物质。目前已经利用径迹刻蚀聚合物模板法得到了直径为 $90 \sim 400nm$ 的 Si 和 Ge 纳米线、直径为 90nm 的锌纳米线和直径约为 60nm 的铝纳米棒[86,87]，以及具有三维孔形貌的三维金属纳米线薄膜[88]。此外，一些利用径迹刻蚀聚合物模板辅助成型的电极材料也已经被用于锂离子电池[51]。尽管如此，由于阳极氧化铝模板的结构更为有序且孔密度更高，径迹刻蚀聚合物模板法仍需要进一步的探索与研究，以不断提升其使用效果。

③ 微纳米胶体球模板由胶体二氧化硅球、聚苯乙烯球或聚甲基丙烯酸甲酯球的二维和三维阵列排列而成。当以此为模板进行电化学沉积时，电极活性物质可以在微纳米胶体球的限制下沉积成型。之后，使用氢氟酸（HF）除去模板中的二氧化硅球，或者使用甲苯或四氢呋喃-丙酮混合物除去模板中的聚合物球体，从而得到呈有序空心球或多孔形貌的电极材料。根据填充程度的不同，使用此方法可以合成碗状阵列、空心球形阵列等形貌结构的金属、金属氧化物和导电聚合物材料[10]。其中，微纳米胶体球模板辅助电化学沉积制备的碗状阵列或者空心球形阵列结构，具有均一的孔径和较大的比表面积。该形貌有助于缓解离子电池充放电过程中电极的体积膨胀效应，且促进了活性物质与电解质的接触，有利于离子的快速扩散，从而提升离子电池的性能[89]。例如，以单层有序的聚苯乙烯球为模板，以钴系水溶液为电解液，通过电化学沉积与后续的热处理，可以得到非密排碗状阵列、密排碗状阵列以及中空球型阵列结构的 Co_3O_4。研究发现，三种不同形貌的 Co_3O_4 阵列的形成与沉积层的厚度有关，而沉积层的厚度可以通过电流密度来进行控制（图 3-12）。其中，当沉积层的厚度小于聚苯乙烯球的半径时，制备的 Co_3O_4 呈现非密排碗状阵列的形貌。随着电流密度的增加，厚度也随之增加。当沉积层的厚度等于聚苯乙烯球的半径时，制备的 Co_3O_4 呈现密排碗状阵列的形貌。当沉积层厚度增至大于聚苯乙烯球的直径时，可以得到中空球型阵列结构的 Co_3O_4。Co_3O_4 本身的纳米孔结构与通过聚苯乙烯球模板法辅助电化学沉积制备所得的结构相结合，形成了相互连接、高度多孔的 Co_3O_4 电极活性物质，具有较高的孔隙率和比表面积。该结构促进了电解质与电极活性物质的接触，缩短了锂离子的扩散长度，所组装的锂离子电池具有较好的倍率性能和循环性能。研究表明，其循环性能优于颗粒型 Co_3O_4 和 Co_3O_4 膜电极所组装的锂离子电池的性能[89]。

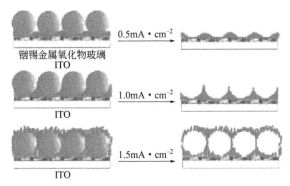

图 3-12　聚苯乙烯球模板法辅助电化学沉积制备 Co_3O_4 示意图[89]

此外，还有许多材料可以被用作模板，以辅助电化学沉积合成具有各种形貌结构的材料。例如，二氧化钛纳米管阵列可以作为模板辅助合成具有纳米管阵列通道结构的材料。氧化锌纳米棒可以作为模板辅助合成具有纳米电缆阵列、纳米管等结构的材料[10]。嵌段共聚物模板是由两个或者多个聚合物链组成的聚合物，其中一些聚合物具有纳米级有序化结构。通过选择性地除去一种聚合物，可以获得有序多孔结构。在这些通道内以电化学沉积的方式填入电极活性物质，可以获得具有一定微观结构的电极材料。液态晶体模板是通过在电解液中加入表面活性剂，该表面活性剂可以形成具有有序介孔结构的胶束或液晶结构。然后，利用上述结构充当电化学沉积过程中的模板以制备电极材料。综上所述，目前已经利用模板法辅助电化学沉积成功可控制备了多种电极材料[10]。值得注意的是，研究者正在不断地探索新发展的模板材料，以辅助电化学沉积合成电极材料，但仍处于初步探索阶段，将其应用于离子电池领域的报道还较为有限。

3.2.2.2　无模板法电化学沉积

尽管模板法辅助电化学沉积合成技术提供了一种精确控制沉积产物的形貌结构、长度、厚度、直径、分布密度等参数的方法，但是该方法需要引入模板，会增加额外的成本，且后续去除模板的过程操作较为复杂，增加了耗时。此外，去除模板过程中可能会导致材料结构崩塌，以及在材料中引入杂质等问题，从而影响所制备的电极及其所组装的电池的性能。因此，使用无模板法电沉积技术，一步合成具有大比表面积且结构稳定的电极材料，有助于提升离子电池的性能，因而受到了广泛的关注。

在电化学沉积时，材料本身的性质（如晶体类型、分子间作用力等）对于最终沉积产物的微观结构具有重要影响。例如，研究发现在进行电化学沉积金属氢氧化物［如 $Co(OH)_2$ 或 $Mn(OH)_2$］时，其沉积过程主要包括电化学反应和沉淀反应[90]：

$$NO_3^- + H_2O + 2e^- \longrightarrow NO_2^- + 2OH^- \tag{3-10}$$

$$M^{2+} + 2OH^- \longrightarrow M(OH)_2 \ (M=Co，Mn) \tag{3-11}$$

Co(OH)$_2$和Mn(OH)$_2$在电化学沉积成型时，优先以纳米薄片的形貌结构生长，这受到了其CdI$_2$型层状水镁石晶体结构的影响。这种层状结构的层之间相互作用较弱（弱的范德华力），而层状平面内的结合力较强，且（001）平面具有最低的表面能。因此，Co(OH)$_2$和Mn(OH)$_2$在电化学沉积过程中趋向于以纳米薄片的形貌生长[90]。与平面结构相比，直立于基体的纳米薄片形貌将比表面积小的平面结构扩展为立体的空间结构，极大地增加了材料的比表面积，有利于离子的快速扩散。另外，Zn-Sb属于六方晶型，这可能造成Zn-Sb优先在（001）平面生长，从而形成纳米片状结构[91]。

除了材料本身的晶体类型、分子间作用力等对于形貌结构的影响，无模板法电化学沉积技术主要通过精确控制材料电沉积过程中使用的电压/电流、前驱体（电解质）浓度、基体表面、电解液添加剂以及沉积时间等来有效调控沉积产物的微观结构。例如，当使用较高的电沉积电压制备Zn-Sb体系时，沉积产物为纳米片形貌，该形貌的产生与较高的过电位引起的快速成核和生长密切相关。而在使用较低的电压沉积Zn-Sb体系时，沉积产物为纳米颗粒形貌，其生成原因可能与晶体生长过程中Zn/Sb原子在Zn-Sb晶核上的扩散有关，从而减小了表面积，降低了表面能。此外，在相同的沉积电流、沉积时间和基体表面状态的情况下，以不同的电解液溶质之间的浓度比（ZnCl$_2$和SbCl$_3$的浓度比分别为1.6、2和2.4）进行电化学沉积时，制备的Zn-Sb沉积物虽然结构相似，均为纳米片结构，然而各自薄片的厚度却有所不同。当ZnCl$_2$和SbCl$_3$的浓度比为1.6时，电化学沉积所得的纳米薄片的厚度为100~200nm；当ZnCl$_2$和SbCl$_3$的浓度比为2.4时，沉积所得的纳米薄片的厚度增加至300~400nm。随着ZnCl$_2$含量比例的增加，所得纳米片状样品中锌的含量也会随之增加，从而引起了纳米片厚度的变化[91]。而当改变基体表面的粗糙度时，在电场的驱使下，沉积初期时离子优先在基体表面的凸起处开始形核。同时，随着沉积时间的增加，沉积产物从小颗粒逐渐变成杆状，最终形成纳米线。研究发现，将不同形貌的Zn-Sb电极作为锂离子电池的负极时，由于纳米薄片结构的稳定性和大的比表面积，所组装的锂离子电池经过70圈循环后，表现出最佳的放电容量（500mA·h·g^{-1}），高于基于纳米颗粒和纳米线形貌的Zn-Sb电极的电池容量（分别为<100mA·h·g^{-1}和190mA·h·g^{-1}）[91]。

电化学沉积的电解液可以使用水溶液、有机溶液、离子液体、熔融盐等溶剂为载体，其中，水溶液是一类较为常见的电解液溶剂。在以水系电解质溶液进行电化学沉积时，由于其电解质较窄的电化学窗口，当电解电压高于 1.23V 时会产生氢气。有趣的是，这一析氢现象也可以被用于多孔电极的电沉积制备。这是因为在沉积过程中，氢气会不断地在阴极产生，并且在阴极与电解质的界面处形成一个气泡逸出的通路。存在氢气泡的电极界面由于缺乏离子，无法发生电沉积反应，产物因此沉积在氢气泡之间的电极表面。因此氢气泡在整个沉积过程中充当了一个动态模板。通过选取适当的沉积参数，包括沉积电流和电解质浓度等，可以实现三维多孔材料的电沉积制备。三维多孔结构沉积制备的原理如图 3-13 所示[92]。在沉积过程中，获得的三维多孔结构的孔径会随着沉积时间的增加而增加，这是因为在沉积时间较长时，氢气泡会合并成较大直径的气泡。此外，值得注意的是，随着沉积时间的增加，一些裂纹会随之产生。这是因为当氢气析出反应剧烈时，三维多孔结构可能会破坏[93]。因此，利用电化学沉积的方法，可以制备形貌可控的三维多孔材料，并用作离子电池的电极。例如，以含有硫酸、硫酸铜和硫酸锡的混合溶液为电解液，在电流密度为 $5A \cdot cm^{-2}$ 的较大电流下进行电化学沉积时，可以形成多孔 Cu-Sn 合金。通过控制沉积时间，得到了孔径较大且没有裂纹的电极材料，以其为负极组装的锂离子电池在 30 圈充放电循环之后表现出 $400mA \cdot h \cdot g^{-1}$ 的容量，为锂离子电池性能的提升提供了新思路[93]。

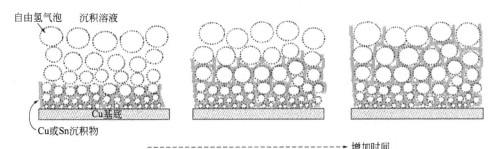

图 3-13　氢气泡动态模板法辅助电化学沉积制备过程示意图[92]

氢气泡动态模板法不仅可以用于合成多孔电极，在合适的电解质添加剂辅助的情况下，还可以用于合成具有纳米线形貌的材料。以电沉积制备 Sn 为例，在较高的沉积电压下，工作电极表面会发生剧烈的氢气释放现象，同时伴随着大量的 Sn 形核[94]。由于工作电极垂直放置，从电极板上逸出的氢气泡会不断地扩散到电解质与空气的界面处。在添加剂（Triton X-100）的辅助下，由于其可以选择性地吸附在 Sn 核的（200）晶面上，可以抑制其在 [100] 晶向方向的生长，从而促进了 Sn 晶核沿着（112）或者（$\overline{1}12$）晶面的方向生长，最终形成纳米线形貌，其生长机理如图 3-14 所示。以具有该 Sn 纳米线结构的电极组装的钠离子电池具有较好的循环性能，经过 100 圈充放电循环后，其充电容量维持在 776.26mA·h·g^{-1}，相当于初始充电容量的 95.09%[94]。

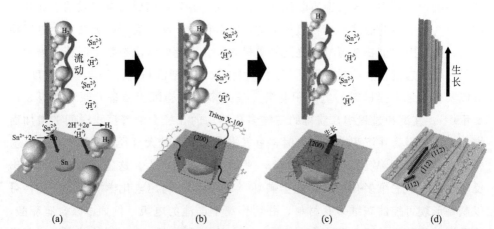

图 3-14　氢气泡动态模板法辅助电化学沉积制备 Sn 纳米线的机理示意图[94]

虽然水系电解液具有离子传导率较高、溶解性强等优点，但是在水系电解液中，电化学沉积制备某些物质时易发生氧化问题。例如，在合成具有微纳米结构的硅时，以水溶液为电解液，生成的微纳米结构硅通常会伴随着严重的氧化现象。当使用微纳米结构的硅作为电极材料时，其氧化会导致电极容量和初始库仑效率的下降，进而影响所组装电池的性能[95]。因此，基于这些问题，研究者们提出了一种以 MgCl$_2$-NaC-KCl 熔融盐混合物为电解质进行电化学沉积制备纳米结构硅的方法。该方法无需大量水洗，当制备完成后，从熔融盐混合物中取出的纳米结构硅可以与熔融盐自动地彼此分离，从而避免了纳米结构硅在水溶液清洗过程中的严重氧化[96]。有机溶剂也是一类重要的电解液溶剂，与水系电解液相比，有机溶剂具有更宽的电化学窗口，且可以避免水系电解液中可能会造成的沉积产物的氧化问题。研究者们已经成功以碳酸丙烯酯、乙腈和四氢呋喃有机溶液为电解液，通过电化学的方法制备出了厚度约 2nm 的 Si 薄膜[97,98]。此外，一些有机溶液在较高的电压下也存在析氢现象。因此，在有机电解液中采用氢气泡动态模板法辅助电化学沉积，可以通过控制沉积电压的大小来控制氢气泡的生成速率，进而控制最终沉积产物的形貌。例如，在过电压较高的条件下，乙二醇会发生如下反应：

$$C_2H_6O_2 + 2e^- \rightleftharpoons H_2\uparrow + C_2H_4O_2^{2-} \tag{3-12}$$

研究发现，沉积过程中金属离子的还原与氢气泡析出在工作电极表面同时发生。在电极表面不断形成的氢气泡充当了纳米管生长的动态模板，其中，氢气泡的产生处无法进行金属离子的还原，而是引导金属离子在气泡之间沉积。随着沉积的进行，氢气泡还可能会分裂并引起纳米管分支的增长，整个沉积过程如图 3-15 所示。当使用更高的沉积电压时，氢气泡的释放会比金属离子的沉积更快，形成末端不封口的纳米管（如图 3-15 所示）。作为电极材料使用时，独特的中空一维纳米管结构，有助于促进锂离子扩散，并增加锂化过程中由体积膨胀引起的应变的耐受性。研究表明，以沉积所得的 Zn-Sb 纳米管为电极组装的锂离子电池，经过 100 圈循环后仍可保持 $400\text{mA}\cdot\text{h}\cdot\text{g}^{-1}$ 的放电容量，约为纳米颗粒状 Zn-Sb 电极所组装锂离子电池的两倍（$215\text{mA}\cdot\text{h}\cdot\text{g}^{-1}$）[99]。

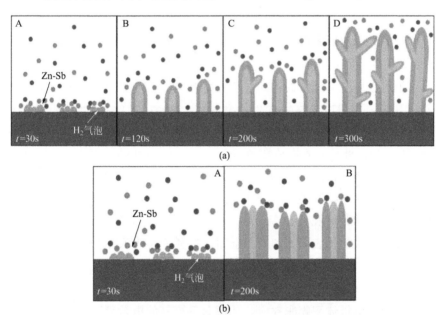

图 3-15　有机电解液中，氢气泡动态模板法辅助电化学沉积制备 Zn-Sb 纳米管机理图[99]

离子液体也是应用于电化学沉积过程中的一类具有发展前景的电解液。离子液体具有低挥发性、低可燃性、高化学稳定性、高热稳定性、较宽的电化学窗口和对金属盐类具有良好的溶解性等优点，可以避免水系电解液中的氢气析出问题，以及有机溶剂中的挥发和有毒等问题[21]。研究发现，通过改变离子液体的阴离子，可以获得具有不同形态的沉积物以改善离子电池性能。例如，以 1-乙基-3-甲基咪唑鎓四氟硼酸酯（[EMIM]BF₄）、1-乙基-3-甲基咪唑鎓三氟甲基磺酸盐（[EMIM]TFO）、1-乙基-3-甲基咪唑鎓二氰胺（[EMIM]DCA）三种具有不同阴离子的离子液体为电解液，进行 Sn 的电化学沉积时，可以分别得到具有纳米级孔的团簇结构、致密均匀的立方体结构和垂直于电极表面的薄状纳米片结构[22]。电化学沉积制备所得产物的不同微观结构，是三种阴离子（BF_4^-、TFO^- 和 DCA^-）结构的差异所致。其中，BF_4^- 和 TFO^- 是具有弱配体活性的阴离子，而 DCA^- 是具有强络合能力的阴离子。由于阴离子的不同，Sn 基离子在电解液中的存在形式也会有所差异，从而进一步影响电沉积过程中 Sn 的形核和颗粒生长过程，导致最终的沉积产物具有不同的微观结构。以所制备的材料作为负极并组装成锂离子电池，与使用 [EMIM]BF_4 和 [EMIM]TFO 为电解液相比，在 [EMIM]DCA 中电化学沉积得到的 Sn 基电极具有最优异的可逆容量和循环稳定性，这可以归因于其独特的纳米结构。

电化学沉积时所用的电解液添加剂对于沉积产物的形貌具有十分突出的影响，从而显著影响所组装的离子电池的性能。例如，在通过电化学沉积的方法制备 Sn 基电极材料时，表面活性剂 [polyoxyethylene(8)octylphenyl ether] 作为电解液添加剂可以有效地控制沉积产物的形貌，并得到多孔结构的 Sn 薄膜。结合热处理方法，在铜箔集流体上可以获得 Cu-Sn 合金（Cu_6Sn_5 和/或 Cu_3Sn）。通过此方法制备的 Cu-Sn 负极可以在锂离子电池的充放电循环过程中保持较好的体积稳定性[100]。此外，表面活性剂 Brij 56[polyoxyethylene(10)cetyl ether] 可以用作结构导向剂。使用 Brij 56 为电解液添加剂进行电化学沉积时，可以得到具有介孔结构的 CoO 膜。通过这种电沉积方法制备的多孔 CoO 薄片形成了垂直于基体的网状结构，其孔径范围为 30～250nm。研究表明，CoO 膜的高度多孔结构可以提供较大的比表面积和内部空间，有利于电解质浸入电极中，大大缩短了离子的扩散路径，同时，交叉网络结构为离子和电子的双重注入提供了更多的路径，有利于提高电池性能。同时，多孔结构有助于缓冲由 CoO 和 Li 离子之间的反应而引起的电极体积膨胀效应，从而获得更好的电池循环性能[101]。有机化合物 TritonX-100 是一种由许多亲水性氧化乙烯基团和取代的疏水苯环组成的表面活性剂，可以用于抑制 Sn 在 [100] 晶向上的生长，促使 Sn 沿着 (112) 或 ($\bar{1}$12)晶面方向上的生长，最终可以形成一维 Sn 纳米纤维结构（图 3-16）。纳米纤维结构高度各向异性膨胀和纳米纤维之间存在的孔体积，可以缓冲电极的体积膨胀效应，具有该结构的材料具有较高的力学稳定性，所组装的钠离子电池具有较好的循环性能（100 圈充放电循环后容量仅下降约 5%）[94]。

除了表面活性剂的添加外，向电解液中适量引入氧化剂，可以调节电解液中

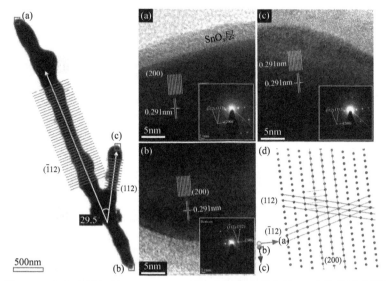

图 3-16 电解液添加剂 TritonX-100 对电化学沉积制备的 Sn 产物的影响[94]

反应物的存在形式，进而影响电极的微观结构。以在吡咯、$NaNO_3$ 和 HNO_3 的混合水系电解液中通过电化学沉积的方法合成聚吡咯纳米线为例。如图 3-17 所示，在电化学沉积前期，由于 HNO_3 在阴极上发生还原生成大量的 NO^+，该物质与吡咯单体相互作用形成聚吡咯纳米球。当吡咯单体自由基阳离子的活性较高时，由于聚合和沉积过程的反复发生，聚吡咯纳米球会逐渐沉积；然而当自由基阳离子的活性较低时，稳定的自由基阳离子会优先与预沉积的纳米球反应，因而吡咯的逐步增长聚合反应变为基体表面上的链增长聚合反应，从而形成了纳米线结构[102]。利用该机理，可以形成纳米线结构的二氧化锡-聚吡咯共沉积产物，其中聚吡咯纳米线通过链增长聚合反应在基体表面生长，由于 NO^+ 的氧化作用，Sn 离子可以通过 Sn—N 键的形成而沉积到聚吡咯纳米线的表面（图 3-18）。沉积得到的具有三维多孔且相互连接的纳米线网络结构的二氧化锡-聚吡咯具有较大的比表面积，所组装的锂离子电池表现出较好的倍率性能和循环性能（200 圈循环）[103]。

通过沉积基体的微观结构辅助改变电极形貌，也可以增加活性材料的比表面积，以促进快速地锂化和脱锂过程、增强电极的体积稳定性，进而提升电极的性能。集流体作为电池电极的重要组成部分，充当着电子传输的媒介，以实现电子从外部电路到活性物质的传递。因此，若以集流体为沉积基体，通过改变集流体的形貌，如设计成三维集流体以达到增大活性材料比表面积的目的，可简化电化学沉积过程中电极活性物质的形貌调控。同时，如果将三维集流体与电极活性物

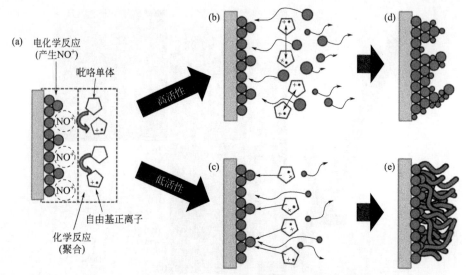

图 3-17 聚吡咯纳米球及纳米线结构生长机理示意图[102]

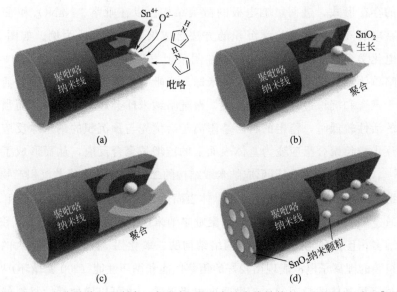

图 3-18 电化学共沉积制备二氧化锡-聚吡咯纳米线结构的生长机理示意图[103]

质的纳米化相结合，可以进一步增大电极的比表面积。三维集流体不仅可以改善电极的导电性，而且可以充当一种具有大比表面积的力学支撑基体，缓解由于电极的体积变化而产生的应力，从而增强了离子电池充放电过程中的结构稳定性。

目前，3D 多孔纳米金属（Ni、Cu、Sn）、具有纳米柱织构的铜表面、具有高度多孔树突壁的合金（Cu_6Sn_5）和碳纤维纸等大比表面积的集流体已被用于离子电池负极的电化学沉积制备。这类集流体由于其独特的结构特征、简单的制备工艺、优异的性能和较低的成本，引起了广泛的研究兴趣[40]。实验表明，以三维集流体（如三维多孔泡沫 Ni 和二维多孔泡沫 Cu）为基底，通过电化学沉积方法在基底上沉积不同的材料，如金属单质（Si、Sn 等）、金属间化合物、复合材料等，表现出了优异的电化学性能。例如，以三维多孔泡沫 Ni 为工作电极，Pt 箔为对电极，Pt 丝为准参考电极，以 $SiCl_4$、四丁基氯化铵和 CH_3CN 为电解质，可以得到以三维多孔泡沫 Ni 为基体的 Si 材料。以所得的 Ni-Si 电极为负极组装的锂离子电池，显示出较好的性能，其在第 80 圈循环后的容量为 $2800mA \cdot h \cdot g^{-1}$[104]。此外，在 3D 多孔 Cu 集流体上电化学沉积 Si 后用作锂离子电池的负极，其电池同样表现出较好的循环稳定性，电池在 100 圈循环后仍可以保持 99% 的库仑效率[105]。

以三维集流体为基体，通过电化学沉积的方法制备具有大比表面积的电极活性物质，具有结合基体形貌与活性物质微观结构共同调控的优势，可有效提升离子电池性能。例如，在圆锥体阵列的 Cu 集流体上（图 3-19），以 NaOH、$Fe_2(SO_4)_3 \cdot 5H_2O$ 和三乙醇胺（TEA）的混合溶液为电解液，在 $5A \cdot cm^{-2}$ 的电流密度下，通过电化学沉积制备具有纳米结构的 Fe_3O_4。Fe_3O_4 的沉积遵循两步式反应，其电化学反应如下：

$$Fe(TEA)^{3+} + e^- \longrightarrow Fe^{2+} + TEA \tag{3-13}$$

$$Fe^{2+} + 2Fe(TEA)^{3+} + 8OH^- \longrightarrow Fe_3O_4(s) + 4H_2O + 2TEA \tag{3-14}$$

研究发现，通过调控 TEA 的含量可以对沉积产物 Fe_3O_4 的微观结构进行控制。使用 $0.1mol \cdot L^{-1}$ TEA 时，可以得到以圆锥体阵列 Cu-CAs 为基体的 Fe_3O_4 纳米颗粒（NPs）；使用 $0.2mol \cdot L^{-1}$ TEA 时，可以得到以圆锥体阵列 Cu 为基体的 Fe_3O_4 纳米花。由于基体的圆锥体阵列形貌有利于锂离子的快速扩散，且具有良好的体积变化适应性，由制备的 Fe_3O_4 纳米颗粒/圆锥体阵列 Cu 电极所组装的锂离子电池，在 20 圈循环后其放电容量下降至约初始容量的 75%。与此相比，由于纳米花结构的协同效应，由 Fe_3O_4 纳米花/圆锥体阵列 Cu 电极所组装的锂离子电池，在 20 圈循环后其放电容量下降至约初始容量的 85%[42]。

除了单一组分材料外，三维集流体还可被用于复合材料的电化学沉积制备。例如，以三维 Ni 为基体，以 $K_2Sb_2(C_4H_2O_6)_2$ 为电解质，通过脉冲电沉积的方法可以在 Ni 基体上获得均匀分布的 $NiSb/Sb_2O_3$。脉冲电沉积使得三维集流体表面电沉积消耗的离子能够得到有效的补充，使得沉积物的形貌较为均匀。此外，沉积

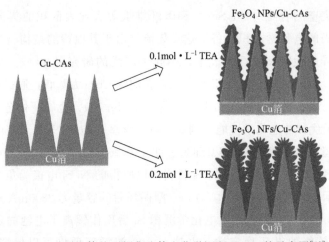

图 3-19 以圆锥体阵列铜集流体电化学沉积 Fe₃O₄ 的示意图[42]

的活性材料的质量可以通过调节脉冲次数来控制，最终可以获得具有 3D 多孔形貌的 Ni@NiSb/Sb₂O₃ 电极。该电极具有 445mA·h·g⁻¹ 和 488mA·h·cm⁻³ 的容量密度，用其组装的钠离子电池表现出出色的循环性能，可以在 200mA·g⁻¹ 的电流密度下，在 200 圈循环后依然具有 89% 的容量保持率[106]。

　　除了上述的三维金属集流体，碳质集流体也在电化学沉积制备电极材料中表现出不错的性能，因而引起了研究者的兴趣。随着柔性电子器件的发展，具有可以弯折等性能的柔性变形碳质集流体极具发展前景。例如，以碳纤维纸（纤维直径约为 7.5μm，方向随机）为沉积基体，以 K₄P₂O₇、Sn₂P₂O₇ 和 C₄H₆O₆ 的混合溶液为电解液，在室温下以 30mA·cm⁻² 的电流密度进行电沉积，可以得到 Sn 晶粒（平均尺寸为 350nm±50nm）电极。在同样的沉积条件下，以铜箔为基体得到的沉积层厚度为 2.2μm±0.2μm，与此相比，由于碳纤维纸-Sn 具有比铜箔-Sn 更大的比表面积，使用碳纤维纸得到的沉积层厚度约为其四分之一（0.5μm±0.1μm），且沉积物负载量约是铜箔的两倍。因此，碳纤维纸-Sn 复合材料具有更高的化学反应活性。使用该复合电极组装的锂离子电池初始放电容量约为 470mA·h·g⁻¹，在 20 圈循环后，其放电容量仍保持在 236mA·h·g⁻¹，约为使用铜箔为基体的电极的两倍（118mA·h·g⁻¹）[40]。

　　除了碳纤维，生物碳也可用作离子电池电极的集流体材料。研究发现，若活性物质为 Si 材料时，由于 Si 是半导体，在制备电极时通常需要与碳纳米纤维混合以提高电极的导电性。然而，碳纳米纤维材料的导电性通常不如金属集流体[107]。因此，研究者们合成了一种具有核-壳纳米线结构的金属包覆生物碳材料。他们在烟草花叶病毒（TMV）生物炭外包覆了一层金属镍（TMV/Ni），并以此为集流体进行 Si 的电化学沉积。沉积过程以四丁基化铵、四氯化硅（SiCl₄）、碳酸丙烯酯的混合液为电解质，在－2.4V（相对于 Pt）的沉积电压下沉积 2mA·h，可以在 TMV/Ni 表面得到沉积厚度约为 80nm 的均匀 Si 层（图 3-20）。所制备的电极具有三层核-壳结构：TMV/Ni/Si。以该方法制备的硅负极组装的锂离子电池表现出较高的容量（2300mA·h·g⁻¹）和较好的容量保持能力（在第 173 个周期时容量大于 1200mA·h·g⁻¹），几乎是目前商用石墨负极材料容量的三倍（372mA·h·g⁻¹）[107]。

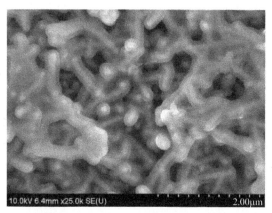

图 3-20　以烟草花叶病毒包覆金属镍的核-壳纳米线为集流体，
电化学沉积制备硅材料的形貌图[107]

电沉积方法还可以与其他材料合成方法结合，协同制备离子电池的电极材料，有助于丰富电极的形貌结构，使电极性能更好地满足电池实际工作需求。例如，有研究者先通过水热法合成 Co₃O₄ 纳米线，之后利用电化学沉积法在其表面原位生长一层氢氧化物纳米薄片，从而得到具有核-壳结构的纳米线电极活性物质（图 3-21）[90]。所得电极组装的锂离子电池具有较好的容量保持性能，在 0.5 C 和 1 C 的倍率下其容量可以达到 1323mA·h·g⁻¹ 和 1221mA·h·g⁻¹，在电池工作 50 圈循环后，其容量分别降至 1182mA·h·g⁻¹ 和 1044mA·h·g⁻¹。其优异的性能归因于：①高度多孔的微观结构缩短了电子和锂离子的传输/扩散路径；②介孔纳米线结构的高比表面积有利于活性材料与电解质之间的有效接触，从而为电化学反应提供了更多的活性位点；③多孔核-壳纳米线结构具有良好的形态稳定性，有助于减轻循环过程中因电极体积膨胀而引起的结构破坏。

电化学沉积方法也可以与阳极氧化法相结合以制备具有纳米结构的硅材料。

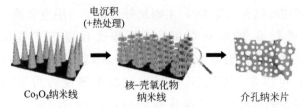

电沉积
(+热处理)

Co₃O₄纳米线   核-壳氧化物   介孔纳米片
                纳米线

图 3-21   电化学沉积与水热法协同制备纳米线核-壳结构示意图[90]

研究发现，以 Si 为阴极，Mg 为阳极，对 Si 施加负电位后可以得到 Mg_2Si 合金。在这个过程中，Mg 通过放电形成 Mg^{2+}，然后转移至 Si 电极形成合金。之后，对所得的 Mg_2Si 电极施加正电位，将发生 Mg 溶解为 Mg^{2+} 的选择性溶解。这个过程会在 Si 中留下纳米孔的结构，而在 Mg 阴极上会发生 Mg^{2+} 的沉积。原则上，除了纯 Mg 电极，还可以用 Mg 合金电极代替 Mg 电极进行上述过程，并且整个过程不会消耗 Mg 或任何其他反应物。通过这个方法，可以将原始的微米级 Si 颗粒转变为由直径为 20～40nm 的 Si 纳米棒组成的纳米多孔颗粒（图 3-22）。用其组装的锂离子电池在 $1A \cdot g^{-1}$ 时的初始充电和放电容量分别约为 $3230mA \cdot h \cdot g^{-1}$ 和 $2920mA \cdot h \cdot g^{-1}$，初始库仑效率约为 90%，并且在循环 100 个周期后，其放电容量缓慢降至约 $2500mA \cdot h \cdot g^{-1}$，表现出较为优异的电化学性能[96]。

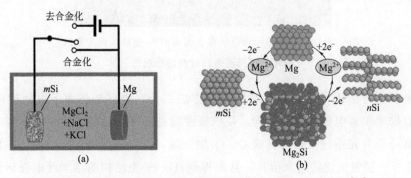

图 3-22   电化学沉积与阳极氧化法协同制备硅材料的示意图[96]

紫外光和激光也可以用于辅助电化学沉积以制备电极材料，通过外加光源可以影响沉积物的结构和形貌，如调节沉积物的粒径、加快沉积速度以减少内部缺陷并提高沉积质量等。当使用紫外光辅助电化学沉积法制备 Ge 基电极材料时，经循环伏安法（cyclic voltammetry，CV）研究发现，沉积电解质中 Ge 的氧化还原峰的位置在紫外光的照射下会发生偏移，从而促进了其还原反应[108]。因此，在无紫外光照射时，沉积产物由许多平均粒径约为 200～400nm 的颗粒组成的 Ge 膜；而当用紫外光照射时，可以获得具有约为 500nm 长度均匀的束状结构的

Ge 纳米线簇阵列。这些纳米线的底部彼此分开，而尖端粘在一起。这种结构十分有利于锂离子在负极材料中的嵌入和脱出。以此为电极材料组装的锂离子电池在 200 圈工作循环后仍保持 $740mA \cdot h \cdot g^{-1}$ 的容量。与此相比，以无光照下合成的 Ge 膜为电极材料组装的锂离子电池，在 50 圈循环后其容量迅速下降至 $560mA \cdot h \cdot g^{-1}$。另外，对循环后的 Ge 纳米线簇阵列进行观察，发现 Ge 纳米线形成了一个多孔的且相互连接的网络，这有利于电极的容量保持[108]。

综上所述，通过电化学沉积调控离子电池电极材料的微观结构，实现电极的微米/纳米化的可控设计，可以增强电极体积膨胀的耐受性，使其在与锂反应期间可以适应活性物质的体积变化，并保持结构的稳定性，因而可显著提高容量和循环寿命。同时，微纳材料具有较大的比表面积，增加了活性材料与电解液的接触面积，可以实现快速锂化和脱锂过程，大大缩短了电子传输和锂离子扩散的距离，从而有利于减少电池极化，并提高电池倍率性能。一般而言，通过电化学沉积制备离子电池电极材料的方法，可以简单分为模板法和无模板法两类。前者需要以一定的模板（如阳极氧化铝和径迹刻蚀聚合物）为基体限制材料的合成形貌，然后利用电化学沉积的方式，使电解液中的物质定向地在模板中的孔洞中生长，之后将模板溶解，以得到特定微观结构的沉积产物。该方法可以根据需要选用不同的模板，以合成具有多种尺寸、形貌、分布等微观结构的材料。然而，值得注意的是，在后续去除模板的过程中，可能会导致纳米结构中杂质的引入，甚至导致结构崩塌，且模板法辅助电化学沉积方法的操作较为复杂，会增加额外的成本及时间。因此，无模板法电化学沉积一步合成具有特定微观结构的电极材料引起了研究者的广泛兴趣。无模板法电化学沉积技术主要通过精确控制电解液浓度、电解液添加剂，以及电化学沉积过程中使用的电压与电流、沉积时间等，来调控沉积产物的微观结构。另外，电沉积方法还可以与其他材料合成方法（水热法、阳极氧化法、紫外光/激光辅助法）结合，集合多种制备方法的优点，更加丰富电极材料微观结构的调控，进一步提升电池性能。

3.3 金属硫电池

元素硫（S）具有高的比容量，且其成本低、储量丰富。在锂金属电池中，若使用 S 作为电池的正极材料，在放电过程中 S_8 被 Li 还原成为硫化锂（Li_2S）时可以产生 $2600W \cdot h \cdot kg^{-1}$ 的理论能量密度[109]。由于锂硫电池的能量密度远高于锂离子电池，因此，这一电池体系引起了人们广泛的研究兴趣。但是，锂硫电池的应用面临着许多挑战，如 S 是一种绝缘体，其电导率低（$5×10^{-28}$ S·m^{-1}）；电池放电过程中，通过进一步反应可以转化为高价态多硫化物（Li_2S_x，$x=4\sim8$）[14]，这些高价态的聚硫化物会溶解在液态有机电解质中，并且会穿过隔膜，与 Li 负极反应，从而导致锂硫电池不可逆的容量损失。此外，电池充电过程中，高价态的聚硫化物会沉积在 S 电极上，随后溶解于电解质中，扩散至 Li 负极，与 Li 金属反应生成低价态的聚硫化物。在继续充电过程中，生成的低价聚硫化物会扩散至 S 正极。这一过程也被称作锂硫电池中的"穿梭效应"。这些活性材料的损失造成了电池体系库仑效率的降低，导致了锂硫电池较差的循环性以及快速的容量衰减。

3.3.1 电极成分的电化学调控

将 S 与导电炭材料复合可以用于改善电极导电性。有研究提出，氧化石墨烯（graphene oxide，GO）具有丰富的含氧官能团，表现出优异的电化学性能。GO 具有与聚硫化物发生氧化还原反应的活性位点，可有效避免聚硫化物在电极表面的反应，并且其物理包覆作用可抑制聚硫化物的穿梭[110]。该研究制备了均匀的含有 GO 涂层的硫复合材料 GO-S（图 3-23）。电化学测试表明，GO 的引入提升了 S 电极的导电性，并且有效减少了聚硫化物与电极的副反应，增强了电化学稳定性和倍率性能。在 0.5 的倍率下循环 100 圈，GO-S 电极仍具有较好的循环稳定性和比容量，最高可达约 $723.7mA·h·g^{-1}$。此外，该实验还证实了 GO-S 复合材料在电池循环过程中的结构稳定性。

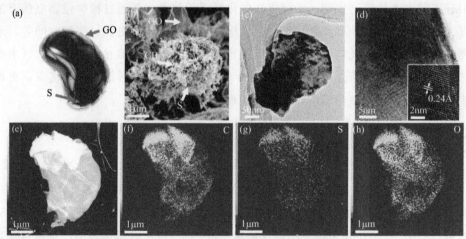

图 3-23　GO-S 电极的 SEM 图及元素分布图[110]

基于聚硫化物的沉积机理，可以制备各种形式的硫化物用作锂金属电池的正极材料。过渡金属硫化物的 3d 电子结构使其能容纳不止一个 Li^+，有前景实现高的比容量[111]。NiS 和 Ni_3S_2 是研究最广泛的两类硫化物材料。在实际生产中，一般采用金属 Ni 与 S 的机械合金化，或者 Ni 前驱体的表面 S 化处理制备 Ni_3S_2 电极。然而，在上述方法中活性物质之间依赖机械混合互相接触，需要使用惰性的黏结剂，导致了活性物质与基底之间较大的接触电阻。因此，有研究采用选择性电沉积方法在 Cu 集流体上制备 Ni_3S_2，实现了较好的电接触[112]。同时，通过改变电解质的成分可以调控沉积产物中 S 的含量，获得高比容量的电极。研究指出，硫脲（TU，CH_4N_2S）前驱体的含量是影响沉积产物中 S 含量的关键因素。在沉积过程中，硫脲会被电化学还原为 S^{2-}，与 Ni 反应形成 Ni_3S_2，因此随着硫脲浓度增加，沉积物中 S 含量快速增加。但是由于扩散过程的限制，沉积物中 S 含量有一定限度。化合物沉积机制如下：

$$TU + Ni^{2+} \longrightarrow [NiTU]^{2+} \tag{3-15}$$

$$TU + 2e^- \longrightarrow S^{2-} + CN^- + NH_4^+ \tag{3-16}$$

$$2S^{2-} + O_2 + 2H_2O + 3Ni \longrightarrow Ni_3S_2 + 4OH^- \tag{3-17}$$

该研究在 $0.2 mol \cdot L^{-1}$ 的硫脲溶液中制备得到了亚微米尺寸的 Ni_3S_2/Ni 复合材料。当 Ni_3S_2/Ni 被用作电池正极时，锂电池表现出较高的比容量（在约 0.6 C 时，比容量为 $338 mA \cdot h \cdot g^{-1}$）以及较好的容量保持性能（100 圈充放电循环后，容量保持率为 95.3%）。

有机溶剂也可作为电解质溶液，用于过渡金属硫化物的电沉积。有研究提出，在二甲基亚砜（DMSO）溶液中，S 的沉积是两步反应过程[113]：

$$S_8 + 2e^- \longrightarrow S_8^{2-} \tag{3-18}$$

$$S_8^{2-} + 2e^- \longrightarrow S_8^{4-} \tag{3-19}$$

生成的 S_8^{4-} 分解为 S_4^{2-} 或者 S_6^{2-}。

此外，离子液体具有较宽的电化学窗口、低蒸气压等优势，可有效避免水系电解液中的气体析出问题，也可用作硫化物沉积的电解质溶液。沉积产物在电解液中的溶解性对于其稳定性有着重要作用。S 在离子液体中的物理化学性质以及电化学还原机制控制了离子液体中硫化物的沉积过程。

有报道分析了 [EMIM]TFSI 离子液体中硫化物的沉积机制[114]，同样证实了离子液体中，S 的还原是两电子反应。此外，该研究进一步分析了离子液体电解液的组成对于沉积产物组成的影响。结果表明，与水系电解质相似，通过调控电解质组成可以获得不同组分的沉积产物，并且电解质中 S 的含量影响沉积产物中 S 的比例。该电沉积方法适用于过渡金属 Co、Fe 和 S 的沉积。通过在离子液体中添加可溶性 S 与金属化合物前驱体，可以通过一步电沉积方法实现 Co_9S_8 和 FeS_x 的沉积。

除电解质对于沉积产物的影响之外，沉积电压的影响也不容忽视。研究发现，金属还原电势的不同，硫化物薄膜的生长机制也不同。硫化钴由沉积的 Co 金属层与 S 反应形成，而硫化铁薄膜由还原的 Fe^{2+} 与电化学反应生成的 S_x^{y-} 离子反应形成（图 3-24）。通过优化电沉积参数，该研究在含有 $0.15mol \cdot L^{-1}$ $Co(TFSI)_2$ 和 $0.05mol \cdot L^{-1}$ S 的电解质溶液中，在 $-0.25V$ 的沉积电压条件下，得到了 Co_9S_8 沉积产物。不同于 Co 的沉积，FeS_x 的沉积在 $0.01mol \cdot L^{-1}$ $FeCl_3$ 和 $0.05mol \cdot L^{-1}$ S 的电解质溶液中进行，并且最佳沉积电压为 $-0.85V$。当将上述硫化物用于锂电池时，Co_9S_8 电极的比容量为 $559mA \cdot h \cdot g^{-1}$，达到其理论比容量的 95%。$FeS_x$ 电极的比容量为 $708mA \cdot h \cdot g^{-1}$，是其理论比容量的 79.5%。尽管该研究证实了离子液体中一步沉积硫化物的可行性，但是对于离子液体中 S 的还原以及不同电势下硫化物的形成机制仍不明确。此外，在实际应用过程中，过渡金属硫化物用作锂金属电池电极时，会受到其较差的稳定性的限制。例如 Co_9S_8 电极在 20 圈循环后，容量保持率为 40%；FeS_x 电极在 20 圈循环后，容量保持率为 39%，因而还需要进一步研究。

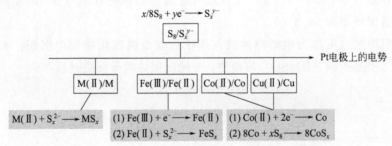

图 3-24　Cu(Ⅱ)/Cu,Co(Ⅱ)/Co,Fe(Ⅲ)/Fe,M(Ⅱ)/M 和 S_8/S_x^{y-} 与相关硫化物沉积产物在[EMIM]TFSI 中在 120℃下的反应电势[114]

综上，电沉积技术可以用于制备高容量 S 电极以及过渡金属硫化物电极。电解质的成分对于沉积产物的组成有重要影响，而沉积电势控制沉积产物的形成机制。电沉积作为简便可控的制备方法，为有效调控电极成分以提高电池容量提供了条件。此外，电沉积可以较好地控制电极制备过程中的变量，对分析电极组成对电池性能的影响具有重要意义。

3.3.2 电极微观结构的电化学调控

如前所述，S 是一种绝缘体，解决上述锂硫电池问题的关键在于提高硫电极的导电性。此外，减少硫颗粒的尺寸有助于缩短硫正极中电子和锂离子的传输距离，进而提高电池性能[115]。实验表明，利用电化学沉积方法，在 3D 多孔泡沫镍的表面上电沉积一层均匀的 S 纳米点层，可以有效提高所组装的锂硫电池的性能，其电化学沉积过程如图 3-25 所示[116]。其中，3D 多孔泡沫镍作为集流体充当导电网络，有助于提高 S 电极的导电性。平均直径约为 2nm 的硫纳米点作为活性材料，有助于锂硫电池工作循环中离子的快速扩散。用此方法制备的硫电极组装成的锂硫电池表现出优异的循环性能，在 300 圈循环后，其容量在 0.5 C 的倍率下仍保持 895mA·h·g^{-1}（库仑效率 97.3%）。与此相比，以块体 S 为电极组装的锂硫电池，在 0.5 C 的倍率下工作 200 圈循环后，其容量只有 326mA·h·g^{-1}。

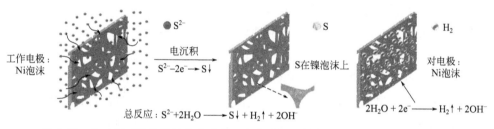

图 3-25 以三维多孔泡沫镍为集流体，电化学沉积制备硫纳米点层的示意图[116]

为了抑制锂硫电池中可溶性聚硫化物的穿梭效应导致电池性能的下降，研究者们通过 S 电极的多孔结构设计来实现。研究表明，多孔结构可以吸附锂硫电池放电过程中形成的可溶性聚硫化锂，有助于减小活性物质在电解质中的溶解能力。同时，多孔结构增加了电极与电解质的接触面积，有助于加快电荷的转移过程[117]。基于以上优点，多孔结构 S 电极的制备对于锂硫电池性能的提升具有重要作用。因此，有研究者首先构建了一个蜂窝状的聚苯胺（PANI）基导电聚合物，然后以此为基体，通过电化学沉积的方式在基体表面沉积了一层 S。蜂窝状PANI 导电聚合物的多孔结构，增大了集流体与活性物质（S）之间的接触面积，有助于电子与离子的传导与扩散，同时抑制了可溶性聚硫化物的穿梭效应，稳定了电极结构，增强了电极的循环稳定性。另外，聚合物的蜂窝状结构围绕在 S 颗粒周围，对于电极的体积变化起到了缓冲作用，为循环过程中 S 的体积变化提供了较大的空间，避免了电极的破坏。基于上述优点，利用制备所得的蜂窝状 PANI-S 电极组装的锂硫电池，在工作 100 圈循环后可以保持 900mA·h·g^{-1} 的容量，且库仑效率稳定在 98.2%[117]。

此外，一些研究提出将导电骨架包覆在硫表面，例如石墨烯、介孔炭、多孔导电聚合物等，以解决锂硫电池中聚硫化物的穿梭效应[14]。这些骨架具有纳米结构和大的比表面积，在抑制多硫化物的迁移和提高电导率方面起着重要作用。利用电化学沉积方法可以有效地将硫颗粒与碳材料复合，从而提高电池性能。例如，研究者将电化学剥落法合成石墨烯与电化学沉积 S 材料相结合，成功制备了石墨烯纳米片包覆的 S 电极。由于石墨烯纳米片具有较高的比表面积，为原位沉积所得的 S 活性物质提供了较多的沉积生长位点，且石墨烯包覆在 S 颗粒外，有助于抑制聚硫化物的穿梭。基于以上优点，所组装的锂硫电池在 $0.1A \cdot g^{-1}$ 的电流密度下循环 60 圈后，仍可以保持约 $900mA \cdot h \cdot g^{-1}$ 的容量密度（容量保持率为 95.4%）。与此相比，没有外包覆石墨烯的电化学沉积 S 电极所组装的电池，在 60 圈循环之后，其容量下降了约 60%[118]。

介孔炭材料可以作为导电集流体框架，以其为基体进行电化学沉积 S 所得电极用于锂硫电池，同样表现出优异的性能。理想的炭-硫复合电极应具有均匀的 S 分散度与较高的 S 含量，以实现 S 电极的高容量和出色的容量保持率[119]。研究发现，以介孔碳材料为基体，以硫酸、KOH、硫脲的混合溶液为电解液，在电磁搅拌下，通过电化学沉积的方法可以得到碳与硫充分均匀混合的碳-硫复合材料。随后通过热处理除去表面残留的硫，使碳材料包覆在 S 的表面。介孔碳材料较大的比表面积，为活性物质 S 提供了沉积附着位点，有助于电子的快速传导与离子的快速扩散。同时，利用电化学沉积的方法，S 颗粒可以原位生长在介孔碳中，有助于抑制聚硫化物的穿梭效应，提高 S 电极中的 S 含量（77%），进而提升锂硫电池的性能。实验表明，以介孔碳、硫共沉积制备所得的介孔碳包覆硫的复合材料为电极组装的锂硫电池表现出优异的循环性能，在 $0.5A \cdot g^{-1}$ 的电流密度下工作 200 圈循环后，仍可以保持其放电容量基本不变（$857mA \cdot h \cdot g^{-1}$）。与此相比，先通过电化学沉积 S 电极，随后通过与介孔炭热处理得到的电极材料，在组装为锂硫电池后，其放电容量在 200 圈循环后发生明显下降（从 $452mA \cdot h \cdot g^{-1}$ 降至 $232mA \cdot h \cdot g^{-1}$）[119]。

此外，研究发现，通过电化学沉积的方法，可以在 S 电极外沉积一层导电聚合物，如聚苯胺（PANI）纳米线，以抑制聚硫化物的穿梭效应。与无 PANI 纳米线包覆的 S 电极相比，以 S-PANI 为电极组装的锂硫电池的初始容量可以提升 2~3 倍。同时，通过调控沉积时间，可以获得不同厚度的 PANI 沉积层。分别将不同沉积时间所得的 S-PANI 电极组装为锂硫电池（5min、10min），发现沉积时间为 10min 时组装的电池在 100 圈循环后，其容量可以保持初始容量的66.3%，优于沉积时间为 5min 时组装的电池容量保持率（59.7%）。这是因为随着沉积时间的增加，沉积层的厚度会随之增加，而过厚的 PANI 会影响电极的电子传导，从而进一步影响电池性能[120]。

　　除了上述 S 电极面临的挑战外，金属锂作为锂硫电池的负极材料，也存在着诸多挑战，如在电池反复充放电过程中形成的锂枝晶。锂枝晶的形成可能会导致电池内部的短路，从而造成电池的热失控甚至引发爆炸。此外，金属锂的价格昂贵，不利于未来大规模产业化的应用。使用其他低成本且高容量的负极材料来代替金属锂（如 Si 或 Sn 等），是一种有效的解决方案[121]。例如，研究者通过电化学沉积的制备方法获得了一层厚度为 500～650nm 的 Si-O-C 微纳膜材料，该Si-O-C 基电极避免了金属锂的枝晶等问题，同时也缓解了 Si 电极的体积膨胀问题，以其组装的锂硫电池可以提供约为 $280mA \cdot h \cdot g^{-1}$ 的稳定容量[122]。此外，Sn 由于具有较高的理论容量（$Li_{4.4}Sn$，$994mA \cdot h \cdot g^{-1}$），引起了广泛的研究兴趣。然而，块体 Sn 在锂化和去锂化过程中表现出较差的循环性能，这是因为Sn 在循环过程中会发生较大的体积变化（300%），体积膨胀过程中会产生较大的应力，导致活性材料的破裂和粉碎，从会造成活性材料从集流体表面的脱落。通过电化学沉积的方式合成微米级/纳米级的活性材料，并通过对电极材料微观结构的设计，有助于缓解电极体积膨胀问题，提升锂硫电池的性能。例如，利用氢气泡动态模板法辅助电化学沉积，在炭纸基体上得到了纳米级三维多孔的Sn-石墨烯复合材料，作为电极活性物质。该沉积过程以 $SnSO_4$、H_2SO_4 与氧化石墨烯的混合溶液为电解液。氧化石墨烯的表面具有许多氧官能团，Sn^{2+} 由于静电吸引可以吸附在其表面上，使氧化石墨烯带电荷，从而实现共沉积。电解液中的 Sn^{2+} 和氧化石墨烯最终在炭纸基体表面还原，形成 Sn-石墨烯复合材料。炭纸基体具有三维相互连接的网络结构，该结构能够进行有效的电子传导。同时，三维碳基体还有助于增加活性物质的负载量。石墨烯的存在能够提升电极的导电性和电极材料的容量，且有助于充放电过程中锂离子的扩散。以共沉积制备所得的 Sn-石墨烯电极材料组装为锂硫电池半电池时，其初始容量可达到 $1113mA \cdot h \cdot g^{-1}$，优于纯 Sn 的电极容量（$878mA \cdot h \cdot g^{-1}$），且在 20 圈充放电循环之后，其复合电极的容量约为纯 Sn 的三倍，显示出较好的容量保持性能[121]。

　　综上所述，锂硫电池的电极材料的挑战包括：①S 电极导电性差；②S 电极所产生的聚硫化物易溶于电解质；③S 电极的体积膨胀问题；④金属锂的枝晶问题。通过电化学沉积的方法对电极的微观结构进行调控可以不同程度地缓解以上问题与挑战。S电极的导电性问题与聚硫化物的"穿梭效应"的解决,可以通过减小活性物质S的尺寸、S电极的多孔结构设计,以及将S与大比表面积的炭材料或者导电聚合物复合来实现。然而,与锂离子电池中的通过化学沉积制备电极材料相比,在金属硫电池领域,相关研究报道还相对较少。因此,还需要广大研究者不断地探索与开拓。

3.4 金属空气电池

金属空气电池是以金属材料(包括金属Li、金属Na、金属Zn、金属Al、金属Mg等)作为负极,空气中的氧气作为正极活性物质的一类电池。由于其理论能量密度高而受到了广泛关注。尽管金属空气电池有着巨大的商业化前景,但是大多数金属空气电池在充放电过程中,受到其空气电极上氧还原反应(ORR)和氧析出反应(OER)缓慢的动力学限制,导致了较低的能量效率和较差的循环寿命。因此,金属空气电池通常需要使用催化剂来提升反应速率,降低充放电的过电位。通常来说,为了更好地提升电池性能,催化剂应暴露更多的活性位点,同时应与集流体之间紧密结合以降低接触电阻。因此,操作简单、原位生长活性物质的电化学沉积方法引起了研究者的兴趣。

3.4.1 电极成分的电化学调控

3.4.1.1 贵金属基催化剂

一直以来,贵金属催化剂(例如Ru、Pt、Ag、Au、Pd)及其化合物被视作高效催化剂。有研究采用一步电沉积的方法在含有$HAuCl_4$和H_2PtCl_6的酸性溶液中制备Au-Pt合金,并且该合金在锂空气电池中表现出高的OER和ORR活性[123]。沉积产物的组成受到沉积电压和电解液的影响。相比于Pt,Au由于其更正的还原电位更容易被沉积。此外,实验发现,通过调控电解质中Pt离子的浓度可以改善合金中Pt的含量,随Pt离子浓度增加,合金中Pt含量增加。不同的是,随着电解质中Au前驱体浓度的增加,Au-Pt合金沉积物中的Au含量没有明显增加。通过XRD分析产物的晶体结构时发现,Au-Pt的(111)晶面间距大于Pt的(111)晶面间距,说明该沉积过程不同于上述两种元素的共沉积,而是在沉积过程中,Au进入了Pt的晶格[123]。通过优化沉积参数,发现电解液组成为$6.7\sim10mmol \cdot L^{-1}$ $HAuCl_4$,$10\sim13.3mmol \cdot L^{-1}$ H_2PtCl_6和$0.5mol \cdot L^{-1}$ H_2SO_4时,在$20mA \cdot cm^{-2}$电流密度下恒电流沉积$8\sim34s$可得到最优的沉积产物组成及催化活性。除了 Au、Pt 之外，金属 Ag 在碱性电解质中也表现出较高的氧还原反应（ORR）催化性能。金属 Cu 与金属 Ag 具有相同的面心立方晶体结构和相似的晶格常数，可用于合成合金催化剂。此外，金属 Cu 具有较好的电化学性能，同时其储量丰富，有助于减少贵金属的使用。将其与金属 Ag 复合可以提高催化活性，并且降低材料成本。基于此，有研究采用恒电位电沉积方法制备了 Ag-Cu 合金[124]。通过控制反应时间，得到了组成为 $Ag_{50}Cu_{50}$ 的合金催化剂，其催化活性是单纯的金属 Ag 催化剂的 2.5 倍。根据催化理论，催化剂的活性与金属催化剂的 d 带中心密切相关。金属 Ag 较低的 d 带中心导致了其较弱的氧气吸附能，而金属 Cu 具有较强的吸附能，有利于氧化反应的进行。因此，通过金属 Cu 与 Ag 的合金化，其 d 带中心相比于纯金属 Ag 更接近费米能级，从而具有更高的催化活性。上述研究为调控催化剂活性位点，发展高活性催化材料用于储能体系提供了借鉴。此外，贵金属氧化物也可通过电沉积反应制备。有研究以 K_3IrCl_6 作为前驱体溶液[125]，在其静置形成 IrO_2 胶体溶液后，用于在 Ti 集流体上阳极电沉积制备 IrO_2@Ti 电极。随后将该电极用作 OER 反应电极，并与 Pt/C 催化剂复合组装酸性锌空气电池，所组装电池获得了约 81% 的高能量效率。因此，电沉积技术可用于高效贵金属催化剂的制备，并通过调控沉积过程参数改善催化活性。然而，贵金属的高成本限制了其广泛应用，有许多研究者开始把目光投向非贵金属催化剂。

3.4.1.2 过渡金属/C 基催化剂

贵金属基催化剂通常具有较高的成本，且储量较小，这些问题无疑会阻碍其在实际生产中的广泛应用。为了解决以上问题，研究者通过开发高性能的非贵金属氧化物催化剂以降低生产成本。其中，过渡金属氧化物、硫化物、磷化物等（如 MnO_2、Mn_3O_4、CoO_x、Co_3O_4、$CoMn_2O_4$、Co_9S_8）具有成本低、电子结构可调、催化活性较高等优势，因而被认为是金属空气电池中最具有发展前景的催化剂材料[126]。

其中，Co-Fe 基催化剂因其在碱性电解质中高的 OER 催化活性而受到广泛研究。有多种方法可用于制备 Co-Fe 基催化剂，如水热、溶剂热、热分解等方法可用于制备 $CoFe_2O_4$ 以及 Co-Fe 层状双金属氧化物。电沉积是一种简便有效的方法，可以实现催化活性物质在集流体上的直接生长，并且制备过程具有低成本和高效率等优势。更重要的是，电沉积产物会均匀嵌入多孔气体电极的电化学活性微孔层中，与集流体具有良好的接触，有效促进了催化剂与集流体之间的电荷转移。Co-Fe 合金及 Co-Fe 双金属氢氧化物均可通过电沉积一步制备，但是不同

Co、Fe 含量的催化剂表现出不同的催化活性。例如，在 OER 反应中，单纯的 CoOOH 催化剂表现出较差的 OH^- 吸附活性，但是 Fe 掺杂可以有效提高其性能[127]。此外，也有研究采用恒电流电沉积的方法，以 $CoSO_4$ 和 $FeSO_4$ 作为前驱体溶液在炭纸基底上制备固溶形式的 Co-Fe 合金[128]，并用作锌空气电池的空气正极催化剂。研究表明，通过改善电解质溶液中的 Co/Fe 比例，可以获得不同组成的沉积产物。随电解质中 Fe 含量的增多，沉积产物中 Fe 含量增加，并且 OER 活性随着 Fe 含量的增加而增加，在含量（原子分数）约为 65% 时具有最高的催化活性。

金属氧化物因其结构多变、催化活性高以及结构稳定等特性被广泛地用作 ORR、OER 催化剂。通常，电沉积可用于合成金属氢氧化物，随后氢氧化物可通过进一步的热处理等步骤转换为氧化物。其制备工艺简便可调，通过控制沉积过程中的电解质组分可以实现不同组成的氢氧化物前驱体的制备。例如 Co_3O_4、$Ni_xCo_{3-x}O_4$、$NiFe_xO$、$CoMnO$ 等金属氧化物催化剂均可通过电沉积和热处理过程合成[129]。此外，有研究提出也可通过一步电沉积方法制备金属氧化物催化剂。例如，采用电沉积方法在含有 Mn^{2+}、3,4-乙烯二氧噻吩（EDOT）、$LiClO_4$ 和十二烷基硫酸钠（SDS）的溶液中可以一步制备 MnO_x/PEDOT 复合催化剂[130]。得到的 MnO_x/PEDOT 表现出与商业 Pt/C 相当的 ORR 性能 [开路电位：MnO_x/PEDOT，0.877V（vs. RHE），20%（质量分数）Pt/C，0.875V（vs. RHE），半波电位：MnO_x/PEDOT，0.825V（vs. RHE），20%（质量分数）Pt/C，0.791V（vs. RHE）]，相比于 MnO_x 性能 [开路电位：0.682V（vs. RHE）；半波电位：0.593V（vs. RHE）] 明显提升。对其沉积过程进行分析可以发现，两种物质的氧化还原动力学存在差异。在沉积的初始阶段仅能观察到 MnO_x 的生长，随后是 PEDOT 的聚合反应。因此，该过程本质上也属于分步电沉积。

不同于电沉积结合热处理的方法制备氧化物，有研究通过一步电沉积方法制备得到了 Co_3O_4[131]。该沉积过程以含有 Co^{2+} 和酒石酸盐的 NaOH 溶液作为电解液。其中酒石酸用于络合 Co^{2+}，使其在 pH 值 = 14 时可溶。根据 Pourbaix 图可知，Co_3O_4 具有热力学稳定性。通过线性扫描以及恒电流沉积过程分析电解质中的电化学反应过程可以发现，该过程是电化学-化学复合反应过程：

$$2Co^{2+}(TART) \longrightarrow 2Co^{3+} + 2(TART) + 2e^- \tag{3-20}$$

$$2Co^{3+} + Co^{2+}(TART) + 8OH^- \longrightarrow Co_3O_4 + 4H_2O + (TART) \tag{3-21}$$

电沉积温度是控制沉积产物的结晶性以及稳定性的关键因素。提高电解质温度，电极活性物质生长的起始电势降低，结晶性提高。结果表明，在 103℃下得到的沉积产物结晶性较好，表面非常光滑，无裂纹；而在较低温度下的沉积产物表现出非晶特性，并且在干燥后会从基材上剥离。以上结晶薄膜与非晶薄膜存在明显的性能差异。分析两者 OER 性能发现，结晶 Co_3O_4 薄膜的 Tafel 斜率为 $49mV \cdot dec^{-1}$，交换电流密度为 $2.0 \times 10^{-10} A \cdot cm^{-2}$，而在 50℃沉积的非晶薄膜的 Tafel 斜率为 $36mV \cdot dec^{-1}$，交换电流密度为 $5.4 \times 10^{-12} A \cdot cm^{-2}$。该研究通过一步电沉积方法得到了高活性的 Co_3O_4，不涉及二次热处理过程，并且通过调控沉积温度改变了沉积物的结晶性，进一步改善了沉积活性，同时避免了热处理过程中 C 以及其他金属集流体的氧化反应，简化了制备过程，为金属空气电池的氧气催化剂的制备提供了有效方法。此外，也可采用一步电沉积法在 Co_3O_4 中引入 Zn，得到 $Zn_xCo_{3-x}O_4$（$0 < x \leqslant 1$）薄膜[132]。该沉积产物的形成机制为：

$$2Co^{2+}(TART) \longrightarrow 2Co^{3+} + 2(TART) + 2e^- \tag{3-22}$$
$$2Co^{3+} + (1-x)Co^{2+}(TART) + xZn^{2+} + 8OH^- \longrightarrow$$
$$Zn_xCo_{3-x}O_4 + 4H_2O + (TART) \tag{3-23}$$

在沉积过程中，首先电解质溶液中的 Co^{2+} 被氧化为 Co^{3+}。随后，Zn^{2+} 与电解质溶液中 Co^{2+}、Co^{3+}、OH^- 等物质反应，形成 $Zn_xCo_{3-x}O_4$。通过优化沉积参数，发现在 97℃条件下，在含有 Co^{2+}、Zn^{2+} 和酒石酸的碱性溶液中恒电流（$0.1mA \cdot cm^{-2}$ 或者 $2mA \cdot cm^{-2}$）沉积，获得了具有最佳 OER 催化性能的产物。该沉积产物与 $ZnCo_2O_4$ 具有相似的尖晶石型结构，组成为 $Zn_{0.45}Co_{2.55}O_4$。相比于单纯的 Co_3O_4，沉积产物中 Zn 的引入明显提高了 OER 催化活性。分析指出，这是由于 Zn^{2+} 的嵌入增加了 Co^{3+}-O 键长，增加了 Co^{3+} 对 OH^- 的吸附能力与 Co^{4+} 的形成能力。通过研究不同 Zn-Co 比的 $Zn_xCo_{3-x}O_4$ 薄膜的 OER 性能，发现氧化物中 Zn^{2+} 的比例对于 OER 活性影响较小。这说明不同组成的氧化物 OER 活性差异是由于薄膜表面活性 Co^{3+} 位点数量不同引起的。该方法同样适用于 MnO_x 薄膜的制备，并且可以通过在电解质中添加 Fe 前驱体溶液，在 MnO_x 薄膜中引入 Fe 催化活性位点，有助于改善其氧气反应的催化活性[133]。

尽管金属氧化物具有上述诸多优点，但是其催化过程受到其较差的导电性的限制，导致了较低的催化活性，影响了电池的倍率性能以及循环稳定性等。将金属氧化物与导电材料复合是解决这一问题的有效方法。有研究在 Co_3O_4 催化剂上通过脉冲电沉积方法引入了 Pd 纳米颗粒（图 3-26）[134]，获得了组成均匀的 Pd-Co_3O_4 催化剂，改善了 Li-O_2 电池中 Li_2O_2 的沉积过程。相比于 Co_3O_4 电极，其倍率性能和循环稳定性明显提升。当用于 Li-O_2 电池正极时，该 Pd-Co_3O_4 电极

在 $300mA \cdot h \cdot g^{-1}$ 容量下，可稳定循环 70 圈。

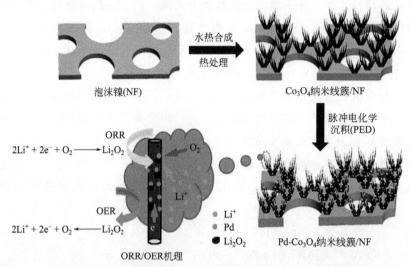

图 3-26　泡沫 Ni 基底上沉积 Pd-Co$_3$O$_4$ 的制备过程以及催化反应机制示意图[134]

炭材料因其较好的 ORR 催化活性而受到关注，可通过电化学的方法有效调控其催化活性位点。采用电化学的方法，在含有 $(NH_4)_2SO_4$ 的溶液中剥离石墨可以得到氧化石墨烯 （EGO）[135]，获得的 EGO 具有高的结晶性以及导电性，并且在该电解液中实现了对 EGO 原位的 N 和 S 掺杂。当该 N/S-EGO 进一步与 Fe 纳米颗粒复合时获得的 Fe-N/S-EGO 表现出更高的 ORR 催化活性。在 0.4V（vs. RHE）电压下，Fe-N/S-EGO 的电流密度为 $3.2mA \cdot cm^{-2}$，相比于 N/S-EGO（$2.55mA \cdot cm^{-2}$）提升 20% 以上。

金属空气电池因其具有高理论能量密度，被认为是极具前景的下一代储能体系。发展高效催化剂对于促进金属空气电池中的空气正极缓慢的动力学反应，改善电池能量效率，提高电池的循环稳定性具有重要意义。催化剂的组成对催化剂的反应活性位点和催化活性具有关键作用。电沉积方法已成功用于制备贵金属和过渡金属基催化剂，以及炭材料的修饰，是未来用于制备高效催化剂，发展高性能金属空气电池的有利方法。

3.4.2　电极微观结构的电化学调控

金属空气电池电极材料微观结构的电化学调控，即电极材料的微纳米结构化，有利于增大活性材料的比表面积，使电极中具有更多的活性位点用于催化反应，进而提升其 ORR 与 OER 催化性能。此外，电极材料的微纳米化还可以增加活性材料与电解液的接触面积，有助于实现快速的离子传输，缩短电子传输和离子扩散的距离，从而减少电极极化，提高电池性能。

由于金属空气电池独特的半开放结构，其空气电极材料除了需要具备较大的比表面积之外，还需要具有透气性。因此，金属空气电池的空气电极应具有高度多孔的特点，以促进氧气扩散到电极表面以及内部的活性位点。目前，三维碳纤维材料（例如碳纤维纸、碳布和碳毡）由于其独特的多孔网络、高电导率和较好的机械稳定性，被广泛地用作金属空气电池中空气电极的集流体[136]。因此，通过电化学沉积的方法制备金属空气电池的空气电极时，通常以三维碳材料作为集流体，并在其表面沉积适量的催化剂来构成一体化电极。所得空气电极具有高度多孔的结构和较低的密度，不仅为催化反应提供了畅通的气体扩散路径，可以向电极中的催化活性部位持续供应足够的氧气反应物，而且满足质轻、柔性的特点，为便携式可穿戴器件的发展奠定了基础。

为了促进金属空气电池的进一步商业化，通常期望空气电极具有最少的催化剂负载量，且具有最佳的催化性能。如前所述，通过调节电化学沉积的参数（如沉积电压/电流等），可以有效地控制沉积产物的负载量以及尺寸大小，从而获得最佳性能的电极材料。以碳纤维纸为基体，研究者成功通过电化学沉积的方式获得了大小可控、性能优异的 Ag 颗粒，作为铝空气电池的催化剂材料[136]。实验表明，通过调节所施加的沉积电压，可以有效地控制 Ag 颗粒的粒径和负载量。随着电化学沉积电压的增加，沉积所得 Ag 颗粒的平均直径呈现出先增大后减小的趋势。当电压较低时，由于沉积过电位较小，碳纤维上出现的颗粒较小，颗粒负载量也相对较少；随着电压的增加，颗粒的大小和负载量会随之增加；然而当电压继续增大时，由于瞬时成核和扩散控制的生长机制占主导地位，碳纤维上的颗粒尺寸和负载量又会因此而减少，且分布均匀、颗粒分明，其催化活性也更高。因此，通过对电化学沉积电压调控，制备所得的最佳颗粒尺寸和负载量的 Ag 催化剂，表现出了比商用锰基空气电极更高的 ORR 活性，并且以制备所得的空气电极组装的一次铝空气电池，表现出高于 $100mA \cdot cm^{-2}$ 的最大放电电流密度，$109.5mW \cdot cm^{-2}$ 的峰值功率密度，$2783.5mA \cdot h \cdot g^{-1}$ 的容量密度和 $4342.3W \cdot h \cdot kg^{-1}$ 的能量密度。这些性能的提升归因于电极材料的三维骨架具有较大的比表面积，有助于集流体和 Ag 颗粒催化活性位点之间进行快速地电子传输。同时，沉积所得催化剂颗粒的尺寸较小、分散均匀、负载量较少，适合大规模生产[136]。

此外，利用电化学沉积的方法进行电极材料的制备，可以通过电解液中添加剂的引入，以及改变沉积时间来改变电极的形貌，以构建比表面积大且稳定的微观结构。研究发现，硫氰酸钾（KSCN）在水溶液中可以解离为 SCN⁻ 和 K⁺。其中 SCN⁻ 是一种线性阴离子，可以通过 S 或 N 原子与过渡金属离子配位形成各种络合物，从而吸附到电极表面。因此，以含 KSCN 和 CoSO₄ 的电解液进行电化学沉积时，在 KSCN 添加剂的特殊作用下，可以得到独特的纳米片和纳米花状结构的硫化钴（CoS）[137]。该结构便于在电解质中暴露更多的活性位点，有利于电子与物质的传输，在碱性介质中呈现优良的催化活性和稳定性。此外，当沉积时间较短时（＜150s），由于 KSCN 的特殊作用，基体上只有较少的 CoS 纳米片；随着沉积时间的逐渐增加，基体上的纳米片随机互连并组装成纳米花簇；继续增加沉积时间，基体上纳米花簇的大小和数量会明显增加；当沉积时间达到一定值时（＞1800s），基体上的花簇消失，CoS 的表面变得光滑；继续增加沉积时间，可以观察到 CoS 表面变成致密的球体，纳米片的数量迅速减少，这是因为纳米片的形成受到了扩散限制，从而生成了球体。沉积时间对 CoS 的形貌的影响如图 3-27 所示[137]。对不同沉积时间制备所得的 CoS 材料的 OER 催化性能进行测试发现，随着电沉积时间从 0s 增加到 1200s，CoS 电极的 Tafel 斜率逐渐减小，即 OER 动力学逐渐变快。当电沉积时间增至 1800s 和 2400s 时，Tafel 斜率反而增大。另外，与其他沉积时间相比，在 1200s 的沉积时间得到的 CoS 电极具有最大的电化学活性面积。因此，1200s 是用于合成具有最佳催化性能的 CoS 的最优电沉积时间。实验表明，CoS 最佳的催化性能归因于其独特的纳米花簇三维结构，该结构可形成较大的反应表面，有利于电解质与电极表面的接触与反应，并且有利于反应产生的氧气及时逸出，因而具有更快的 OER 动力学。

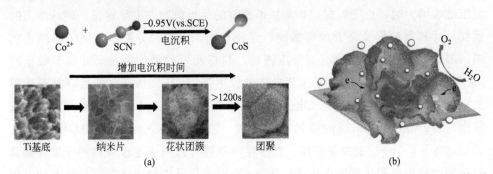

图 3-27　以硫氰酸钾为电解液添加剂电化学沉积制备 CoS 示意图及沉积时间对形貌的影响[137]

金属空气电池性能的提升，与同时兼具 ORR 与 OER 双功能催化活性的电极材料密切相关。因此，研究学者提出利用不同的半固态电解质，通过改变电化学沉积工艺，实现具有双功能催化性能的一体化电极的制备。该制备工艺通过在基体的正反两面分别进行电化学沉积，从而得到同时具有 OER 与 ORR 催化功能的沉积产物。例如，通过使用凡士林（vaseline）半固态电解质，在泡沫镍集流体的两侧分别通过电化学沉积的方式沉积了用于 ORR 催化的 MnO_2 和用于 OER 催化的 NiFe 双金属氢氧化物（图 3-28）[138]。实验表明，与单独使用 MnO_2 相比（电池工作 50 圈循环后，能量效率为 29.68%），以电沉积所得 MnO_2-NiFe 电极组装的锌空气电池实现了更高的能量效率和循环稳定性（电池工作 50 圈循环后，能量效率为 46.79%）[138]。此外，通过使用琼脂糖凝胶半固态电解质，在泡沫镍集流体的两侧分别沉积 MnO_2 和 Co_3O_4，用于催化 ORR 和 OER。制备所得的催化剂性能优于商用 Pt/C，且以该电极组装的锌空气电池能够稳定循环 400h[28]。

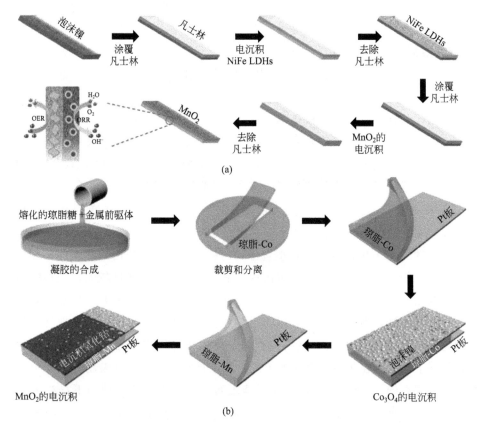

图 3-28 使用半固态电解质进行电化学沉积制备的示意图[28,138]

随着时代发展和科技进步，人们开始逐渐追求高度集成化、轻量便携化、可穿戴式、可植入式等可以更好融入日常工作生活的器件，特别是具备可穿戴、柔性和可拉伸等特性的电子产品，这就迫切需要开发与之高度兼容的具有高储能密度、柔性化、可拉伸、微型化、功能集成化的储能器件。其中，作为柔性储能器件的重要组成部分，柔性电极的开发与设计成为焦点。如前所述，通过电化学沉积方法制备的电极材料能够满足储能器件材料的机械强度、柔韧性等方面的新需求。例如，以碳布为基体，可以实现柔性电极的制备。此外，通过电池的结构设计，可组装基于柔性电极的可拉伸锌空气电池阵列。Qu 等以碳布为基体，通过电化学沉积的方法得到了一层 $Co(OH)_2$，随后在空气中热处理，得到了比表面积为 $33.6 m^2 \cdot g^{-1}$ 的纳米片多孔 Co_3O_4。纳米片形貌的形成是由于 $Co(OH)_2$ 具有 CdI_2 型层状水镁石晶体结构，晶体层状结构之间的相互作用较弱，而层状平面内的结合力较强，在电化学沉积成型时优先以纳米薄片的形貌生长[90]。由于碳布自身的柔性和电化学沉积提供的催化剂与集流体之间的稳固接触，通过阵列化的电池结构的设计，结合蛇形的线路连接，所组装的锌空气电池实现了高达 125% 的拉伸率，并且输出的电压及电流可通过增加或者减少电池数量以及电池不同的串并联设计进行调控[139]。

除了可拉伸性，柔性电极还需要满足柔性电池质轻和小型化的要求。因此，通过电化学沉积的方法制备超薄电极，对于柔性金属空气电池的发展具有重要推动作用。其中，超薄二维纳米膜电极具有较薄的厚度和较高的比表面积，有利于在催化反应过程中的快速电荷转移，实现超薄电极的高催化性能[140]。基于此，研究者通过电化学沉积与后续的热处理方法，成功制备了以碳布为基体的超薄 Co_3O_4 电极，用作柔性锌空气电池的高性能电极。前文中已经介绍过垂直于基体表面生长的 Co_3O_4 电极。然而，垂直生长的结构仅允许电极活性物质的小部分区域（即沉积物的根部）与集流体相接触。由于 Co_3O_4 的导电性较差，这种结构无法充分利用 Co_3O_4 的双功能催化活性。因此，研究者以 $Co(NO_3)_2$ 与乙二醇的混合溶液为电解液，通过电化学沉积的制备方法获得了在碳布表面上水平且均匀生长的超薄 $Co(OH)_2$ 沉积层。该结构有利于沉积物与集流体之间最大的电接触面积，保证了沉积物在集流体表面的牢固黏附，且有助于防止电极制备过程中超薄纳米膜的团聚问题。$Co(OH)_2$ 在碳纤维表面上水平生长的机理如下：在沉积过程中，NO_3^- 被还原生成 OH^-，OH^- 与电解质中的 Co^{2+} 在碳纤维表面反应形成 $Co(OH)_2$。在 $Co(OH)_2$ 的形成过程中，在其表面一侧吸附的乙二醇的特殊排列，促使超薄 $Co(OH)_2$ 层在碳纤维表面有限的二维空间中水平生长。随后，经过热处理，得到了水平于碳纤维基体的超薄 Co_3O_4 电极。实验表明，超薄Co_3O_4-炭布电极表现出优异的 ORR 和 OER 催化性能，优于市售商业 Co_3O_4 粉末所制备的空气电极。由于电化学沉积的制备方法赋予活性材料与集流体之间稳固的结合，使用超薄 Co_3O_4-碳布电极组装的三明治夹层式柔性锌空气电池表现出较好的机械稳定性，能够承受反复的机械变形，且保持电池的稳定工作。此外，所组装的柔性锌空气电池能够驱动柔性显示设备，使其可以在弯曲、扭曲甚至被裁剪的过程中正常发光显示[140]。另外，研究者以电化学沉积制备的锌线为负极，以超薄 Co_3O_4 负载的碳纤维为空气正极，成功组装了线状的锌空气电池。实验表明，该电池可以类似于毛线一般穿梭在织物中，并为 LED、计步器和温度计等电子设备供电，在可穿戴和柔性电子设备中具有广阔的应用前景[141]。

综上所述，通过电化学沉积的方法进行金属空气电池电极材料微观结构的调控，主要通过调节电化学沉积参数，如沉积电压、沉积电流、沉积时间、电解液添加剂、电解液形态等来实现。对电极材料的微纳米结构化，有利于增大活性材料的比表面积，增加活性材料与电解液的接触面积，缩短电子传输和离子扩散的距离，使电极中具有更多的活性位点用于催化反应，提升其 ORR 与 OER 催化性能。

此外，由于金属空气电池需要高度多孔的空气电极，以促进氧气快速扩散到电极上的活性位点处，三维碳纤维材料、泡沫镍等多孔材料通常被用作金属空气电池中空气电极的集流体。随着万物互联时代的到来，具备高度集成化、轻量便携化、可穿戴式特征的柔性/可拉伸电子产品引起了社会的广泛关注。采用电化学沉积的方法在柔性集流体上直接原位生长电极材料，有助于实现柔性、可拉伸、可弯曲、可折叠等一体化电极的制备，可满足柔性储能器件的机械强度、柔韧性等方面的新需求，为电化学沉积的发展开拓了空间。

4 电冶金技术在电化学储能领域中的应用

　　电化学电池的基本原理，抛开表面氧化还原、离子嵌入和脱出这些各不相同的反应机制，归根结底是电能与化学能之间的转化。当充电时，电能被转化为化学能，并储存在正负极的具有不同电极电势的物质中；而当放电时，正负极的活性物质在正负极分别发生反应，将两种活性物质的化学能转化为电能。因此，任何消耗电能的反应，理论上都有被利用在储能领域的可能性。

　　当我们把目光投向电冶金领域，可以看到许多具有上述特征的反应。在铜的电解沉积中，电能被消耗，将相对稳定的铜离子与水转化为铜与氧气，将电能储存在了铜与氧气之间的化学能中。在银的电镀中，电能同样被消耗，将溶液中的银离子转化为镀件上的银镀层，将电能储存在了银与银离子的转化之间。那么，发生在电冶金领域中的这类能量转化能否被利用在电化学储能中呢？答案其实早在 1836 年的丹尼尔电池就已经给出了。丹尼尔电池中的铜离子被还原成铜并沉积到阴极上的反应，恰恰正是一个将化学能转化为电能的反应，这被斯密认为是电冶金领域的开创性反应。丹尼尔电池利用的是活性物质在溶解、沉积中的化学能变化。然而，在丹尼尔电池出现之后，新型电池如同雨后春笋般兴起。铅酸电池、锌锰电池、镍镉电池这类具有表面氧化还原反应特征的电池出现后，迅速地占据了市场，而原始的丹尼尔电池却由于能量密度太低被取代了。

　　基于电冶金原理的电池的转机源于 1913 年，著名的化学家路易斯（Gilbert Newton Lewis）测试出了锂金属的电极电势，并提出了锂电极在电池中应用的可能性[142]。由于锂电极具有极低的电极电势（$-3.04V$）以及低密度（$0.534g \cdot cm^{-3}$），它的理论能量密度极高，被认为是制备高能量密度电池的理想负极，也激起了许多科学家对锂金属电池的研究兴趣。经过科学家几十年的不懈努力，第一个商业化的锂金属电池出现在 20 世纪 70 年代。这种电池使用的是二氧化锰正极，含锂的有机电解质和锂金属负极。在放电的过程中，负极的锂金属溶解，变为锂离子进入溶液中，随后与正极的二氧化锰结合。锂金属电池产生的电能利用了锂金属负极在溶解过程中释放的化学能。同时，当锂金属电极充电时，锂离子会在电极表面获得电子，变为金属锂沉积在电极上。这些过程均属于电冶金领域所研究的金属的溶解与沉积。这种电池具有 3.3V 的开路电压，能量密度也很高，适合小型电子设备使用，目前也仍有许多厂家在生产这种锂电池。然而，由于二氧化锰在这种体系下的循环性较差，这种电池无法被充电，属于原电池。因此，科学家们开始寻找与锂金属负极相匹配的正极材料。到 1978 年，诺贝尔奖获得者惠廷厄姆（Stanley Whittingham）发现硫化钛可以被锂离子可逆地嵌入与脱出，并以硫化钛为正极材料，锂金属为负极材料，制作了第一个可充电的锂电池。当电池放电时，锂金属溶解变为锂离子并嵌入硫化钛中；而充电时，锂离子在硫化钛中脱嵌，并沉积到负极的锂金属上。这个过程能充分地利用锂金属电极的高能量密度的优势，也具有很好的循环性。因此，这种电池被迅速地投入商业化生产中。然而，投入市场后不久，这种电池便出现了许多安全性问题。在充电过程中，这种电池会迅速过热甚至起火。这让人们开始担心锂金属电池的安全性问题，阻碍了可充电锂金属电池的应用。1991 年，基于钴酸锂正极与石墨负极的锂离子电池出现后，就以其安全性、高循环寿命与高能量密度迅速占据了市场。在接下来的近三十年内，确定了以锂离子电池为主体的电化学储能体系[143]。

然而，科学家们并没有放弃对基于电冶金原理的电池的研究。几十年间，对于可充电锂金属电池的失效原因的研究从未停止，也出现了一批基于电冶金原理的水系电冶金型电池。这些电池所具备的特征是：电极反应是基于电冶金技术中的金属溶解与沉积。电冶金型的电极反应，避免了基于表面氧化还原反应电池中限制反应速率与循环性的固相离子扩散，也不需要离子电池中限制能量密度的主体材料（host material），从而获得了更高的循环性与能量密度。随着研究的不断深入，在丹尼尔电池的基础上，经过一代又一代人不懈努力探索的电冶金型电池，也必将在新的时代取得全新的进步。

4.1　基本概念

与常见的其他电池相同，在电冶金型电池中，放电时，正极发生还原反应，负极发生氧化反应，而充电时则相反。不同之处在于反应前后的正、负极状态。

为了更好地展示电冶金型电池的特点，我们先来讨论常见的铅酸电池这类基于表面氧化还原反应的电池。在放电过程中，负极的铅转化为不溶的硫酸铅覆盖在负极表面，同时，正极的二氧化铅被还原成硫酸铅。一方面，正、负极表面形成的硫酸铅影响内部活性物质的进一步反应；另一方面，硫酸铅的导电性较差，在充电中不能完全被氧化/还原为二氧化铅/铅，从而降低了电池的容量。当正、负极完全变成非活性的硫酸铅时，电池便无法正常工作了。这个过程也被称为铅酸电池的硫酸盐化。

$$Pb + PbO_2 + 2H_2SO_4 =\!=\!= 2PbSO_4 + 2H_2O \qquad (4\text{-}1)$$

当把目光投向以钴酸锂为正极材料，石墨为负极材料的锂离子电池时，它的充电过程是钴酸锂中的锂离子脱嵌，经过离子导通的有机电解液后，到达电池的负极。而在放电过程中，负极中锂又变为锂离子进入电解液中，随后在电流的驱动下到达正极，再重新嵌入钴酸锂中。在整个充放电过程中，正极能够供给的锂离子的量决定了电池的能量密度，而其他物质都对容量没有贡献。显然，一个钴酸锂分子最多可贡献一个锂离子。倘若这样，钴酸锂的容量密度为：

$$C = nF/(3.6M) = 1 \times 96485/(3.6 \times 97.873) = 273.8(mA \cdot h \cdot g^{-1}) \quad (4\text{-}2)$$

然而，实际上钴酸锂的容量密度目前最高只能达到 $150mA \cdot h \cdot g^{-1}$ 左右。原因是当钴酸锂中过多的锂离子脱嵌时，钴酸锂的结构会坍塌，无法再充当稳定的主体材料。因此为了保证锂离子电池的寿命，电池的充电、放电电压的上限与下限被严格限制，以防止电极结构被破坏。这也是锂离子电池存在的普遍问题。在正极中，大部分物质无法对电池的容量做出贡献，这也限制了锂离子电池的能量密度。

而基于电冶金原理的电冶金型电池避免了上述问题的出现。这类电池基于活性物质在正负极上可逆地溶解与沉积。以丹尼尔电池中的正极反应为例。当放电时，Cu^{2+} 不断地被还原成 Cu 沉积在电极上；而充电时，Cu 又不断地被氧化成 Cu^{2+} 进入溶液中。不存在铅酸电池这类电池中，先前的生成物影响后续活性物质反应的现象。同时，活性物质也可被完全利用，不需要对容量无贡献的主体材料。实际上，Cu^{2+} 与 Cu 的反应电对的容量密度为：

$$C = nF/(3.6M) = 2 \times 96485/(3.6 \times 63.546) = 843.5mA \cdot h \cdot g^{-1} \quad (4\text{-}3)$$

是钴酸锂理论容量密度的 3~4 倍，实际容量密度的 5~6 倍。而在基于锂的溶解与沉积的锂金属电池中，锂负极的容量密度为：

$$C = nF/(3.6M) = 1 \times 96485/(3.6 \times 6.94) = 3861.9mA \cdot h \cdot g^{-1} \quad (4\text{-}4)$$

因此，锂金属负极在高能量密度电池中具有极其广阔的应用前景。

4.2 典型体系分析

4.2.1 锂金属电池

经过几十年的研究，一直以来引起锂金属电池起火、性能衰退的原因已经得到了深刻的认识。归根结底，问题来自锂金属与电解液之间的相互作用，来自锂金属电极在充放电过程中的沉积与溶解。具体失效原因为：

第一，锂离子导通，但不导电的固体电解质中间相 SEI（solid-electrolyte interface）的形成。目前广泛接受的 SEI 的组成分为两部分：靠近负极的由 Li_2O、Li_2CO_3、LiF 等物质组成的无机层与靠近电解液的由 ROLi、$ROCO_2Li$ 与 $RCOO_2Li$ 等物质组成的有机层（R 代表来自电解液的有机基团）[144]。在电池中，活泼的锂金属会自发地与电解液发生反应，形成 SEI。SEI 的形成会阻止内部的锂金属与电解液进一步反应，也对电池负极起到保护作用，是锂金属负极在有机电解液中可以正常工作的基础。然而，SEI 的形成与锂金属负极的状态有着直接的关系。在电池的充放电过程中，由于锂金属电极在不断地溶解与沉积，这往往伴随着 SEI 的破裂与新 SEI 的形成。在这个过程中，电池内部 SEI 的厚度不断增加，也在不断地消耗电解液与负极的锂。当电池中大部分活性的锂金属与电解液均转化为非活性的 SEI 膜时，电池就无法正常工作了。

第二，锂枝晶（dendrite）的形成。目前依然没有公认的锂枝晶形成的机理，然而可以确定的是，锂枝晶的形成与电解液中的离子浓度梯度有关。当锂金属电池充电时，电极附近的锂离子在锂金属表面获得电子并被还原成锂单质，导致电极附近的锂离子浓度下降，也在电池内部形成了浓度梯度。随后，远离电极处的电解液中的锂离子向电极附近扩散，补充电极附近的锂离子。然而，扩散的速率远低于电解液中锂离子消耗的速率。当电极附近的锂离子浓度过低时，有限的锂离子倾向于沉积在电极表面的凸起处，这个趋势最终导致了锂枝晶的形成[145]。锂枝晶的形成会导致三个问题：①锂枝晶可以穿透隔膜与正极接触，从而导致电池短路、过热，甚至起火；②锂枝晶的结构比较脆弱，在逐渐扩展的过程中容易断裂、坍塌，与电极失去接触，无法再参与电池的工作，从而降低了电池的寿命；③形成的锂枝晶具有极高的比表面积，导致形成了更大面积的 SEI，这个过程消耗了电解液与锂金属，也可能会导致电池失效。

因此，研究者们希望通过对 SEI 与锂枝晶的形成机理进一步研究，并采用各种方法限制 SEI 与锂枝晶的形成，以提高可充电锂金属电池的实用性。

4.2.1.1 SEI 的稳定化

如前所述，锂电极的失效与 SEI 的不稳定性有直接关系。不稳定的 SEI 会消耗更多的活性物质（电解液与锂金属），降低电池的能量密度与寿命。因此，如何获得高质量的 SEI 成了解决问题的关键。高质量的 SEI 应该具有以下特性：①高锂离子传导率以减小内阻；②致密的组成以更好地保护锂电极；③尽可能薄且具有良好的力学性能，以减少破裂与损坏，从而减少对活性物质的消耗。

如前所述，SEI 的组成与电解液的性质紧密相关。其中，有机溶剂是 SEI 中有机层的直接来源，而电解液中的锂盐降解形成了 SEI 中的无机层。对电解液的组分进行调控是调节 SEI 性能的有效方法。因此，许多工作被开展以研究电解液组分，如有机溶剂、锂盐、添加剂等对 SEI 稳定性的影响。

（1）溶剂的选择

不同的有机溶剂会形成不同的 SEI。在传统锂电池使用的碳酸酯类溶剂中，如碳酸丙烯酯（propylene carbonate，PC）、碳酸亚乙酯（ethylene carbonate，EC）、碳酸二甲酯（dimethyl carbonate，DMC）、以及碳酸二乙酯（diethyl carbonate，DEC），所形成的 SEI 中有机层分别为 RCO_3Li、$(CH_2OCO_2Li)_2$、CH_3OLi 与 CH_3OCO_2Li，以及 $CH_3CH_2OCO_2Li$ 与 CH_3CH_2OLi[146~151]。然而，碳酸酯类溶剂的性能并不满意。在 PC 与 $LiAsF_6$ 的电解液中，锂金属电池的库仑效率仅有 85%[152]。EC 具有良好的电导率与锂盐溶解性，然而它的熔点较高（36.2℃），限制了它在室温锂金属电池中的使用[153]。而在 DEC 溶液中，形成的 $CH_3CH_2OCO_2Li$ 与 CH_3CH_2OLi 是可以溶解的，无法形成稳定的 SEI[151]。此外，当碳酸酯类溶剂被使用在锂空气电池与锂硫电池中时，溶剂会受到还原的氧或者多硫化物的影响而分解，这也限制了碳酸酯类溶剂的使用[154,155]。

醚类溶剂，如四氢呋喃（tetrahydrofuran，THF）、2-甲基四氢呋喃（2-methyltetrahydrofuran，2-MeTHF）、乙醚（diethyl ether），具有出色的低温性能，同时可以使得电池获得更高的库仑效率（THF 中为 88%，2-MeTHF 中为 96%）[156,157]。但是这类溶剂的电导率较低，使得电池的倍率性能受到了限制[158]。以 1,3-二氧戊环（1,3-dioxolane，DOL）为溶剂的电池表现出较好的综合性能。在 DOL 溶剂中，SEI 的有机层由 $CH_3CH_2OCH_2OLi$ 与含锂的低聚合物组成[159]。这也使得 SEI 具有一定的柔性，展现出更好的力学性能与稳定性。在电池的充放电过程中，SEI 可以适应电极的形貌变化，从而减少了 SEI 的破裂与重新形成。因此，使用 DOL 为溶剂，$LiAsF_6$ 为锂盐的锂金属电池的库仑效率高达 98％，循环寿命也达到了 100 圈以上，获得了较为突出的性能[160]。然而，这类电池必须要在较低的倍率下进行充电才能获得良好的循环性，这也限制了它的使用环境[161]。

在单种溶剂体系下，电池通常无法获得满意的性能，于是人们开始研究多溶剂混合体系下的电解液[162~165]。例如在 EC-DMC 中，既能形成 EC 溶液中稳定的 $(CH_2OCO_2Li)_2$ 有机层，电解液的熔点也比 EC 溶液降低了，获得了良好的综合性能[166]。以 $LiClO_4$-PC-THF 为电解液的锂金属电池的电导率是 $LiClO_4$-PC 的 1.6 倍，库仑效率提升了 10％[167]。在 EC-DMC-DEC 的混合溶剂体系下，锂金属电池获得了比单一溶剂体系更优秀的稳定性以及低温性能[168]。在 DOL 中添加一定量的 EC 或者 PC 可以增加电池的库仑效率[160]。

（2）锂盐的选择

在 SEI 的形成中，有机溶剂主要影响的是 SEI 的有机层，而锂盐主要影响的则是 SEI 的无机层。常用的锂盐主要有以 $LiClO_4$、$LiPF_6$、$LiAsF_6$、$LiBF_4$ 为主的无机锂盐和以 LiTFSI、$LiSO_3CF_3$ 为主的有机锂盐[152,169~171]。其中，$LiClO_4$ 和 $LiAsF_6$ 与锂金属的反应活性最低，这有利于减少锂金属的腐蚀[172]。然而，$LiClO_4$ 所形成的 SEI 对锂金属保护能力较弱，导致锂金属与溶剂反应而发生腐蚀[173]。此外，高氯酸盐不稳定，在工业生产及电池使用中容易发生危险，目前已被大多数国家禁止使用。$LiPF_6$ 是使用较为广泛的锂盐，既具有较高的电导率，又具有比 $LiAsF_6$ 更好的电化学稳定性，具有最佳的综合性能[170]。然而，$LiPF_6$ 对水分较为敏感，需要严格控制原料及生产过程的湿度。同时，$LiPF_6$ 的热稳定性较差，在温度较高的条件下容易发生分解[174]。$LiBF_4$ 形成的 LiF 层较厚且多孔[171]。相比较而言，作为有机锂盐的 LiTFSI 的热稳定性较好，同时对水分具有较强的耐受能力，并会在锂金属表面形成一层薄且致密的 LiF 层，对锂金属电极起到良好的保护作用。目前 LiTFSI 主要使用领域是锂硫电池，其对充放电中形成的多硫化物具有较好的耐受能力，可以提升锂硫电池的寿命[175]。

除传统的锂盐外，还合成了一些新型的锂盐，丰富了锂金属电池中锂盐的种类。硼基锂盐如 $Li[B(C_6H_4O_2)_2]$ 具有极高的热稳定性（＞290℃）和化学稳定性，且无毒，可在低压的锂金属电池中使用[176~180]。将 $Li[P(C_6H_4O_2)_2]$-EC-THF 电解液应用在 Li/V_2O_5 锂金属电池中时，阴极材料表现出了 410W·h·kg^{-1} 的能量密度[181]。

（3）功能性添加剂增强 SEI 性能

通过在电解液中加入添加剂以增强 SEI 性能是一个十分有前景的研究方向，

往往只需要少量的添加剂，就能够对电池的性能产生显著的影响。同时，添加剂可以在不改变现有电池的主要组分的情况下产生作用，因此引起了人们的研究兴趣。

关于CO_2对锂金属电极影响的研究开展得很早，也较为深入[156,182~184]。最初，它被认为是一种杂质，在THF溶剂中会降低锂金属电池的性能[156]。然而，后来的研究发现，在PC、EC、DOL等常见的溶剂中，CO_2的存在有助于锂金属电极表面形成一层Li_2CO_3，对电极起到保护作用的同时，提升了电池的库仑效率[185~187]。此外，当集流体用于锂金属电池中时，PC溶剂中的CO_2只有在使用钛或者镍集流体时才会提升锂金属电池的性能，因为CO_2不会在集流体上被还原。而当铜或者银被用作集流体时，CO_2不会对电池性能产生影响[188]。

H_2O通常被认为会对锂金属电池的性能产生极大的负面作用，因为它会与电极发生反应。然而，当少量的H_2O与CO_2一同被加入EC-DEC溶剂中时，有助于锂金属表面形成由LiF与Li_2CO_3组成的SEI无机层。在对锂金属电极起到良好的保护作用的同时，提升了电池的库仑效率[189]。然而，在锂空气电池中，CO_2会与电池放电的中间产物发生反应，H_2O也会降低电池的稳定性，影响锂空气电池的正常工作[190~192]。

$LiNO_3$是在锂硫电池中广泛使用的一种添加剂。在循环过程中，$LiNO_3$会被还原成LiN_xO_y钝化层并覆盖在锂金属上，保护锂金属不被进一步腐蚀[193~196]。由该钝化层组成的SEI十分坚固，既可以抑制锂枝晶的形成，也可以阻止锂硫电池中多硫化物迁移对锂金属的腐蚀[196,197]。此外，$LiNO_3$还可以催化锂硫电池中的高溶解性的多硫化物向硫化物的转变，从而提升了锂硫电池的稳定性[198,199]。当$LiNO_3$与Li_xS_y被共同使用作为添加剂时，锂硫电池中形成的SEI由顶层的Li_2SO_3、Li_2SO_4与内层的LiN_xO_y组成，对锂金属电极起到了良好的保护作用。而当Li_xS_y被单独使用时，迁移的多硫化物会不断与锂金属反应生成Li_2S，从而使电池的容量与寿命不断降低[200]。

除了上述无机添加剂，还研究了许多有机添加剂对增强SEI性能的作用。研究发现，2-甲基呋喃（2-methylfuran，2MeF）、2-甲基四氢呋喃（2-methyltetrahydrofuran，2MeTHF）、2-甲基噻吩（2-methylthiophene，2MeTP）能够提升锂金属电池的库仑效率与循环性，且电池的低温性能也得到提升[201~203]。这类添加剂有助于锂金属电极表面SEI的形成，保护锂金属电极[204]。当2MeF与AlI_3被同时添加到PC溶液中时，锂金属电池呈现出比单独AlI_3、SnI_2与LiI更好的库仑效率。其中，I^-可以吸附在锂金属表面形成LiI保护层，与2MeF共同形成稳定的SEI，对锂金属电极起到良好的保护作用[205]。

氟代碳酸乙烯酯（fluoroethylene carbonate，FEC）、碳酸亚乙烯酯（vinylene carbonate，VC）、亚硫酸乙烯酯（ethylene sulfite，ES）这类乙烯酯能在锂金属表面形成一层致密且富有弹性的钝化膜，防止电极被腐蚀，从而增加电池的寿命与容量[206~209]。研究表明，在 PC 溶液中，FEC 参与形成的钝化膜具有比 VC、ES 中的钝化膜更均一的形貌，且电阻更低。由于电极表面均一的形貌有助于电流的均匀分布，减少枝晶的形成，FEC 被认为是更有效的添加剂[206]。在 FEC 参与形成的 SEI 的帮助下，锂金属沉积过程中的枝晶显著减少，增强了锂金属电极的安全性[210]。FEC 还有抑制 LiPF$_6$ 中 PF$_6^-$ 分解的能力，可以显著提高电解液的寿命[211]。VC 在 EC-DMC 溶剂中的研究发现，VC 参与形成的 SEI 在室温下比未添加 VC 的 SEI 具有更低的锂离子传导率，然而当温度增加到 50℃ 以上时，VC 所形成的钝化膜具有均一的形貌且更薄，展示了 VC 在高温体系下的应用[212]。此外，当 VC 与 LiNO$_3$ 被添加到碳酸酯溶液中时，所形成的 SEI 中的 Li$_3$N 对锂金属电极有极佳的保护作用，锂金属电极表现出高达 100％ 的库仑效率[213]。当 VC 或 FEC 被加入 LiAsF$_6$ 的电解液中时，锂金属表面形成了均匀且具有柔性的 SEI，且 LiAsF$_6$ 的还原产物分布均匀。这有助于锂金属的均匀、无枝晶沉积，提高了电池的寿命与安全性[214]。

此外，仍有许多添加剂如苯、甲苯、金属离子等被添加到电解液中，并参与 SEI 的形成，以提高锂金属电池的库仑效率及寿命[204,215~219]。由于添加剂种类及作用机制丰富多样，未来有望通过发现新型添加剂及研究添加剂之间的协同效应，更有效地保护锂金属电极。

（4）人造 SEI

与在电解液中加入添加剂以在电池工作过程中自然地在锂金属电极表面形成 SEI 以保护电极不被腐蚀不同，许多研究被开展以在锂金属表面直接制造一层 SEI 以保护锂金属电极。

由有机物组成的人造 SEI 可以有效地保护锂金属电极[220~222]。硅烷（silane）基前驱体通过 R$_3$Si-Cl 与锂金属表面羟基基团之间的自终止反应，形成一层人造 SEI 以保护锂金属电极不受到溶剂的腐蚀[223]。使用正硅酸乙酯（tetraethoxysilane）保护的锂金属电极展现出良好的稳定性，在 1mA·cm^{-2} 的电流密度下循环 100 圈后没有出现内阻变化[224]。在电解液中加入 2％（质量分数）的三乙酰氧基乙烯基硅烷（triacetoxyvinylsilane，VS）后，所形成的 SEI 能有效地抑制锂枝晶的形成，组装的 Li/LiCoO$_2$ 电池在 C/2 的倍率下循环 200 圈后仍能保持 80％ 的容量[225]。

　　此外，一些聚合物也被引入以构建 SEI。通过在锂金属电极表面包裹一层偏氟乙烯-全氟丙烯共聚物［poly（vinylidene fluoride-co-hexafluoropropylene），PVDF-HFP］，组成的锂氧电池循环稳定性大大提升。PVDF-HFP 降低了锂电极与电解液之间的界面电阻，同时抑制了锂枝晶的形成，提高了锂氧电池的稳定性[226]。聚（3,4-乙烯二氧噻吩）［poly(3,4-ethylenedioxythiophene)，PEDOT］与聚乙二醇［poly(ethylene glycol)，PEG］的共聚物在锂金属表面具有强的吸附作用，以及良好的锂离子传导性能。当用于锂硫电池时，所形成的保护层可以有效地避免多硫化物迁移导致的锂金属腐蚀，同时抑制锂枝晶的形成，显著地提高了锂硫电池的寿命[227]。有研究者将一层三维的氧化聚丙烯腈（oxidized polyacrylonitrile）包裹在了锂金属电极的表面，所形成的 SEI 可以将锂金属的沉积限制在聚合物的网络之中，避免了锂枝晶的产生及其潜在的安全问题。被包裹的锂金属电极在 $3mA \cdot cm^{-2}$ 的电流密度下，循环 120 圈后依然能保持 97.4% 的库仑效率[228]。当全氟磺酸树脂（Nafion）与 PVDF 共同用于保护锂金属电极时，为锂金属电极提供了一层具有足够力学性能的保护层，以容纳电极在充电与放电过程中的体积变化，解决了 Nafion 的溶解及膨胀问题，显著提高了锂电极的循环稳定性[229]。

　　除了上述有机人造 SEI 外，还研究了许多无机人造 SEI。合金保护层是一种有效的锂金属电极稳定方法。当 Li-Al 合金层被制备在锂金属表面并用于锂硫电池时，对多硫化物迁移造成的腐蚀具有良好的抵御作用[230]。使用自合金化方法制备的（$Li_{13}In_3$、$LiZn$、Li_3Bi、Li_3As）/LiCl 合金层是理想的锂金属电极防护层。其中，金属合金层具有高的锂离子传导率，降低了电池的内阻；LiCl 可以有效地防止锂金属电极被腐蚀，提高了锂金属电池的稳定性。当锂金属电极以 $2mA \cdot cm^{-2}$ 的电流密度循环 1400h 之后，依然没有锂枝晶出现，体现了该人造 SEI 的优良性能[231]。

　　金属氧化物是无机人造 SEI 的重要组成部分[232,233]。采用旋涂法在锂金属电极表面制备一层多孔的 Al_2O_3，可以有效地减少锂硫电池中的副反应，防止锂金属电极被腐蚀。此外，纯锂金属电极中常出现的 SEI 断裂引起的活性物质降解也得到了抑制，使得电池寿命得到提高[234]。采用原子层沉积法（atomic layer deposition，ALD）可以准确地调控所制备的 Al_2O_3 的厚度。当一层 14nm 厚的 Al_2O_3 被制备在锂金属电极表面时，可以有效地抵御空气、硫以及溶剂造成的腐蚀，循环寿命比未经处理的锂金属电极高出 100 圈[235]。此外，ALD 制备的 Al_2O_3

还能提高锂金属电极对电解液的润湿性，有助于形成均一、稳定的 SEI[236]。当 Al_2O_3 与偏氟乙烯和六氟丙烯共聚物（polyvinylidene fluoride-hexafluoro propylene）共同包裹锂金属电极时，所制备的锂氧电池稳定性大大提高。循环第 80 圈时，放电容量比纯锂金属电极组成的电池高 3 倍[237]。如图 4-1 所示，当 Al_2O_3 包裹的锂金属电极在添加了 FEC 的溶剂中工作时，多孔的保护层与添加剂增强的 SEI 体现了良好的协同作用。锂金属的沉积被均匀地分布在多孔结构中，抑制了锂枝晶的形成。锂金属电极表现出 97.5% 的库仑效率，可以稳定循环 50 圈以上[238]。

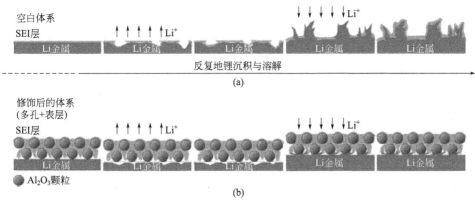

图 4-1　锂箔上金属锂沉积示意图（a）
和含 Al_2O_3 人造 SEI 的锂箔上金属锂沉积示意图（b）[238]

　　氮化物的理化性质稳定，在锂金属电极保护中有广泛的应用前景。由六方氮化硼（hexagonal boron nitride）组成的二维原子晶体层具有良好的力学性能与柔性。在该人工 SEI 的保护下，锂枝晶的形成受到了严格限制，锂金属电极可以以 97% 的库仑效率稳定循环 50 圈以上[239]。通过在锂金属电极表面制备一层 Li_3N 保护层，可以有效地降低电解液对锂金属电极的腐蚀，减少副反应，并抑制锂枝晶的形成[240]。氟化物具有致密的电子结构，是 SEI 的重要组成成分。使用气态的氟利昂可以在锂金属表面形成均匀、致密的 LiF 保护层。使用该电极组成的锂硫电池的循环稳定性与库仑效率显著提升，在 2C 的倍率下依然可以保持 $800mA \cdot h \cdot g^{-1}$ 的容量密度[241]。

　　碳材料是应用较为广泛的锂金属电极保护材料。使用磁控溅射技术在锂金属电极表面制备一层非晶态的碳材料，可以有效地抑制枝晶的形成，抑制效果与碳材料的厚度有关。当碳层厚度增加时，抑制效果增强，但锂离子迁移的内阻增大[242]。磁控溅射还可以用于在锂金属电极表面制备氮掺杂的碳材料。由于氮掺杂的碳材料优异的力学性能与稳定性，沉积的锂金属十分平整、均一，在 10C 的倍率下才形成锂枝晶。相比之下，纯锂金属电极在 1C 的倍率下就形成了枝晶[243]。

此外，还有其他种类的人造 SEI，如硫化物、磷酸化物、碳酸化物被引入以保护锂金属电极[244~246]。其中，采用磁控溅射制备的 Li_3PO_4 具有优良的稳定性。被不导电的 Li_3PO_4 包裹的锂金属电极展现出良好的沉积行为，呈现出层状沉积，而不是普通锂金属电极中的岛状枝晶沉积[246]。

总之，SEI 在锂金属电池中发挥着不可替代的作用，是锂金属电池能够稳定工作的基础。未来还需要深入研究 SEI 的组成与形成机理，使用各种方法调控 SEI 的形成，并设计、合成性能优异稳定的 SEI，以调控金属锂的沉积和溶解行为，进一步提升锂金属电池的性能。

4.2.1.2 调控锂的沉积行为

SEI 调控方法能有效地改善锂金属的沉积形貌，提高锂金属电池的安全性与稳定性。与构建 SEI 以抑制锂枝晶的形成不同，许多科学家开始探寻锂枝晶出现的机理，并希望寻找方法从根本上改变锂的沉积规律。

经典的 Sand 理论指出，当在一定的时间内，铜沉积超过一定数量的时候，电极周围稀少的铜离子就会倾向于沉积在电极表面的凸起处，形成铜枝晶。这个量，也被称为 Sand 容量[247]。如图 4-2 所示，当一定时间内，沉积容量大于 Sand 容量时，枝晶开始形成。因此，通过提高溶液中金属盐的浓度，理论上可以提高 Sand 容量，从而抑制枝晶的形成[145]。研究发现，PC 溶液中的 $LiN(SO_2C_2F_5)_2$ 浓度会显著影响锂的沉积行为。当使用高浓度的 $LiN(SO_2C_2F_5)_2$ 电解液时，锂金属表面的 SEI 比低浓度中的薄，在 3.27mol·kg^{-1} 的溶液中厚度为 20nm，而在 1.28mol·kg^{-1} 的溶液中厚度为 35nm，且在高浓度的电解液中，锂金属电极可以稳定循环 50 圈以上，而在低浓度的电解液中，锂金属电极循环 30 圈后就无法工作了[248]。通常情况下，综合考虑电解液的离子传导率、黏度以及电解质的溶解性，锂金属电池中电解液的浓度都低于 1.2mol·L^{-1}，因为高浓度会降低溶液中的离子传导率。而研究发现，当电解液的浓度继续增大，并超过一定范围时，电解液中会形成以锂盐为主导的锂离子传导系统。在这个传导系统中，锂离子的电导率得到保证，同时锂枝晶及锂金属电池的变形得到显著的抑制，从而有利于提高锂金属电池的稳定性与安全性[249]。由于超高浓度电解液的优势，研究了许多电解液体系。当使用 4mol·L^{-1} 的 LiFSI [lithium bis(fluorosulfonyl)imide] 的乙二醇二甲醚（1,2-dimethoxyethane）电解液时，锂金属电解表现出 99.1% 的库仑效率，且没有锂枝晶出现。所组成的 Li/Cu 电解池能够以 4mA·cm^{-2} 的电流密度循环 1000 圈以上，库仑效率高达 98.4%[250]。当使用 3mol·L^{-1} 的 LiTFSI-DME 电解液时，LiTFSI 与 DME 之间相互结合，电解液中已经没有游离的溶剂分子。密度泛函理论（density functional theory，DFT）计算表明，超高浓度的电解液可以有效抵御锂氧电池中含氧中间产物的攻击，从而大大提高了锂氧电池的稳定性与安全性。相比较而言，3mol·L^{-1} 的电解液可以稳定循环 55 圈以上，而 1mol·L^{-1} 或 2mol·L^{-1} 的电解液循环寿命只有 35 圈[251]。高浓度的混合电解液也表现出了良好的性能。当使用 2mol·L^{-1} LiFSI＋1mol·L^{-1} LiTFSI 时，锂金属电极的循环性能比 3mol·L^{-1} LiTFSI 更好。在 Li/LiFePO$_4$ 电池体系中，前者在 0.1C 下循环 100 圈后仍有 95.7% 的容量保持率，而后者只有 81.6% 左右[252]。Li[(FSO$_2$)N(SO$_2$CF$_3$)]（LiFTFSI）与 LiFSI 的混合电解液也表现出了比单一的 LiFTFSI 更优越的性能。在混合电解液中，Li/LiFeO$_4$ 能以 0.2C 稳定循环 200 圈以上，且维持 92% 的库仑效率[253]。

此外，还有许多新的超高浓度单一锂电解液与混合电解液被应用于锂金属电池，均表现出了对锂枝晶的抑制作用，大大提升了循环性和稳定性[254~260]。

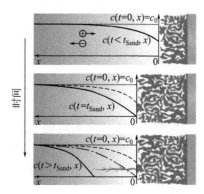

图 4-2　Sand 容量对锂枝晶形成的影响[145]

4.2.1.3　高比表面积集流体

如前所述，金属枝晶的形成受到溶液中浓度梯度的影响，当电流密度过大，沉积速率过快，金属离子的迁移无法补充电极附近的离子损耗时，金属就会倾向于在电极表面的不平整处沉积，从而形成金属枝晶[261]。在正常情况下，传统的平面锂金属负极与铜箔负极具有较低的比表面积。在高倍率充电的情况下，表面的电流密度过大，在循环中会出现锂枝晶，从而对锂金属电池的安全性与稳定性造成负面影响[262]。因此，通过制备高比表面积的集流体，理论上可以有效地降低电流密度，从而限制锂枝晶的形成。

碳材料由于其高导电性与天然的高比表面积，具有被应用于锂金属电池集流体的潜力[263,264]。然而，由于锂倾向于沉积在最靠近正极的导电表面上，高比表面积的集流体面对的一个问题是内部的空间无法得到有效利用，从而无法有效地抑制锂枝晶的形成[265]。有研究通过在碳纤维纸上包覆一层 SiC，使得面对正极的集流体表面不导电，从而制备了三维空间各向异性集流体。当沉积时，锂倾向于沉积在集流体的内部而不是表面，从而使得形成锂枝晶的倾向受到抑制。所得的集流体在 EC-EMC 溶剂中，在 $14.4C \cdot cm^{-2}$ 的负载量下维持 94% 的库仑效率[266]。当具有纳米结构的石墨烯泡沫被用作锂硫电池的集流体时，石墨烯的表面会原位形成 SEI，而锂倾向于沉积在石墨烯泡沫内部的孔道中，从而实现了无枝晶沉积。所得的集流体使得锂可以在 $0.5mA \cdot h \cdot cm^{-2}$ 的容量下，无枝晶循环 70h 以上；而相同条件下，铜箔集流体仅循环 4h 后就使得电池短路[267]。通过提高炭的比表面积，集流体的锂负载量可以进一步增加[268]。将三维空心碳纤维作为集流体，可以实现 $6mA \cdot h \cdot cm^{-2}$ 的锂负载量，且在该负载量下，集流体能以 99% 的库仑效率稳定循环 75 圈以上；而相同条件下，铜箔在循环不到 40 圈后库仑效率就降到 20% 以下[269]。虽然三维集流体可以有效地抑制锂枝晶的形成，然而暴露的金属锂依然会与溶剂发生反应，形成 SEI 消耗活性物质。通过在碳纳米线表面覆盖一层 Nafion 作为 SEI，锂可以均匀地沉积在碳纳米线与 Nafion 之间。在没有锂枝晶形成的同时，沉积的锂受到了良好的保护。所得的集流体能在 $2mA \cdot h \cdot cm^{-2}$ 的负载量下，以 $1mA \cdot cm^{-2}$ 的电流密度稳定循环 900 圈以上，性能与未经保护的碳纳米线相比有显著的提升[270]。此外，Al_2O_3、Ag-Li 等人造 SEI 也被引入三维炭集流体中，展现出了良好的稳定性[271~273]。

除碳材料外，传统的铜集流体也被引入高比表面结构后被用作三维集流体[274]。将铜箔浸泡在氨水中获得氢氧化铜阵列并还原，得到了具有微米尺度多孔结构的铜集流体。在 LiTFSI-DOL-DME 电解液体系中，锂倾向于沉积在集流体表面的多孔结构中。锂金属可以在集流体上实现 600h 以上的无短路循环，展现了良好的循环稳定性与安全性[275]。铜三维集流体不仅可以实现电流密度与锂离子浓度的均匀分布，使锂的沉积均匀化，还可以将可能出现的锂枝晶限制在集流体的内部结构中，实现锂金属电极的安全、稳定工作[276]。采用去合金法将 Cu-Zn 合金中的 Zn 选择性溶解，得到的三维铜集流体具有合适的孔径尺寸，且内部的孔均相互连通，有利于容纳锂沉积/溶解过程中的体积变化[277]。如图 4-3 所示，三维集流体可以有效地抑制锂枝晶的形成。在所得的三维铜集流体中，锂能以 $1mA \cdot h \cdot cm^{-2}$ 的负载量，$0.2mA \cdot cm^{-2}$ 的电流密度稳定循环 1000h 以上，而二维的铜箔在 300h 后就无法正常工作[278]。高比表面积铜集流体的优势在简单的铜网上也得到了体现。400 目的铜网可以在循环 100 圈后依然维持锂的 93.8% 的库仑效率，而铜箔在 70 圈后就仅剩 30.9%[279]。此外，也有研究通过在三维铜集流体上覆盖一层石墨烯以进一步提高集流体的稳定性[280,281]。

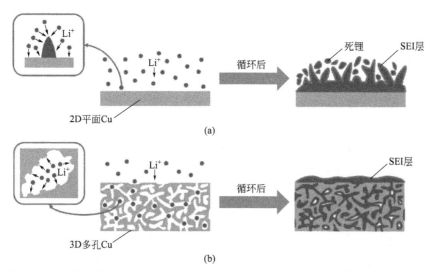

图 4-3　平面集流体锂沉积形貌示意图（a）和 3D 集流体锂沉积形貌示意图（b）[278]

与制备三维导电网络以降低沉积电流密度、限制锂枝晶的形成不同，一种思路是引入不导电的三维网络以调控锂的沉积。将聚丙烯腈（polyacrylonitrile）的纤维阵列覆盖到铜箔与锂箔的表面，使锂金属的沉积被限制在聚丙烯腈的网络中，实现了锂的无枝晶稳定沉积/溶解。覆盖聚丙烯腈的铜箔在与 LiFePO$_4$ 正极组成的锂金属电池中，能以 99.8% 的库仑效率稳定循环 100 圈以上，获得了 127mA·h·g^{-1} 的容量密度。而相同条件下，铜箔的容量密度只有 64.1mA·h·g^{-1}[282]。

三维集流体由于其在锂枝晶调控上的优异特性而受到了广泛关注，未来研究应更加关注三维集流体在高锂负载量下的循环稳定性，并最终使锂金属电池走向应用[283]。

4.2.2　水系电冶金型电池

在水系电池中，基于电冶金原理的丹尼尔电池由于能量密度有限，在出现不久后就被基于表面氧化还原反应的铅酸电池、镍镉电池、锌锰电池等取代了。然而，电冶金型的电极反应具有高循环稳定性、高倍率性能的优点，在许多电池中依然有所应用。在这类电池中，其中一个电极是基于金属的溶解/沉积，具有较为均衡的综合性能。

4.2.2.1 单电冶金型电池

如前所述，在单电冶金型电池中，其中一个电极（主要是负极）是基于金属的溶解/沉积。其中，由于锌电极所具备的高能量密度、低成本、安全、无毒等优势，源自丹尼尔电池中锌的溶解/沉积反应在锌氯电池、锌溴电池、单液流镍锌电池、液流锌空气电池中得到了广泛的应用[284~289]。虽然近些年来，也有基于锡、镉、铜的单电冶金型电池的报道，但目前对电冶金型电池的机理研究大多都基于锌[290~294]。然而，电冶金型（沉积/溶解型）的锌电极反应面临着几个主要问题：①自腐蚀。锌的电位要低于氢的电位，所以在水溶液中，锌会被腐蚀并释放氢气，从而使得锌电极溶解。当锌电极中存在铜、炭等杂质时，锌与杂质之间会形成原电池并加速电极腐蚀。②析氢。在充电过程中，由于析氢电位要高于锌的还原电位，氢会在充电时被还原成为氢气，降低沉积的库仑效率。③枝晶。这个过程与锂金属电池中枝晶的形成类似。受到锌电极周围锌离子浓度梯度的影响，锌离子倾向于沉积在电极表面的凸起处并形成枝晶。枝晶的形成一方面会提供更高的比表面积，加速锌的腐蚀与充电过程中的析氢；另一方面，形成的枝晶结构较为脆弱，在电池工作过程中可能会脱落，引起活性物质的损耗；再者，枝晶的形成可能会造成电池短路，使电池无法正常工作[247,295~298]。

（1）电解液的影响

研究发现，在锌氯电池中，锌电极的析氢与溶液中的杂质金属离子有直接关系。当溶液中的杂质离子如钴离子、锗离子、镍离子在电池充电过程中被沉积到锌电极表面时，电极上的析氢强度会显著增加；而当溶液中的杂质金属离子被去除时，锌电极的析氢强度得到了有效抑制[295,299]。在锌溴电池中，当使用99.9%纯度的溴化锌电解质时，锌的利用率比98%的溴化锌高了10%，这也带来了17%的库仑效率的提高[300]。除了上述杂质离子对锌电极的影响之外，电解液中阴离子的种类会影响锌的沉积形貌与效率，从而影响锌电极的循环稳定性[301]。在硫酸锌中沉积的锌具有比在氯化锌中沉积的锌更紧密的形貌与更低的内应力，这使得在锌的沉积量较大的情况下，沉积/溶解的库仑效率有明显的增加[302]。锡酸根的引入有助于促进锌电极表面锌的形核与晶粒的生长，从而提高电池的库仑效率。研究发现，$0.1 \mathrm{mol} \cdot \mathrm{L}^{-1}$ 的锡酸根可以在 $8 \mathrm{mol} \cdot \mathrm{L}^{-1}$ KOH ＋ $0.5 \mathrm{mol} \cdot \mathrm{L}^{-1}$ ZnO 与 $0.25 \mathrm{mol} \cdot \mathrm{L}^{-1}$ LiOH 溶液中实现锌的81.1%的库仑效率。相比之下，未添加锡酸根的溶液中锌的库仑效率是60%[303]。锌离子的浓度对枝晶的形成也有直接影响，根据锌枝晶形成机理，提高溶液中锌离子的浓度或促进锌离子的扩散均能有效抑制锌枝晶的形成[304]。当对液流电池中电解液的流动速率进行研究时，发现静止的电解液中锌电极表面锌酸根浓度较低，使得析氢反应代替了锌的沉积反应，而且在充电过程中，锌电极上析出的氢难以脱离表面，进一步降低了沉积效率；而液流电池中流动的电解液可以促进锌酸根的均匀分布与锌电极表面氢的脱离，抑制锌枝晶的形成，提高锌沉积的库仑效率[305,306]。电解液的流动速率不能过快，也不能过慢，有一个适宜的流速区间。适宜的流速区间与沉积的锌的总量有关。当沉积的锌的总量增加时，适宜流速区间变窄。在 $8mol \cdot L^{-1}$ KOH + $0.7mol \cdot L^{-1}$ ZnO + $20g \cdot L^{-1}$ LiOH 的电解液体系中，当沉积量 > $35mA \cdot h \cdot cm^{-2}$ 时，仅在 $7.1L \cdot min^{-1}$ 的流速下就可以获得良好的沉积形貌[307]。也有研究通过设计随沉积电流强度变化而调节电解液流速的设备来提升锌沉积的效率[308]。

(2) 集流体的影响

在锌电极的沉积过程中，电化学反应首先发生在集流体与电解液之间的界面。因此，集流体的种类会影响充电过程中锌电极表面的析氢，从而影响库仑效率。当具有较低析氢过电位的镍被用作集流体时，负极的析氢强度较高。在镍的表面电镀一层银可以有效提高析氢过电位，抑制析氢[309]。镉集流体在液流电池中可以有效地抑制锌枝晶的形成。使用镉集流体的锌电极可在 $1mol \cdot L^{-1}$ ZnO + $10mol \cdot L^{-1}$ KOH 的电解液中，以 98% 的库仑效率稳定循环 220 圈以上[310]。然而镉对人体、环境会产生危害，实际使用较少。铜、铋在碱性溶液中具有较好的稳定性，同时析氢过电位较高，较适合用作锌电极的集流体。相比之下，虽然锡能有效地抑制锡枝晶的形成，然而锡在碱性溶液中较不稳定，仍需要进一步研究以改善其在集流体中的使用[311]。石墨通常被认为不适合用于锌的集流体，因为其析氢活性较强。然而，有研究者在石墨上修饰一层铟的化合物，显著抑制了石墨的析氢活性，增加了锌沉积/溶解过程的库仑效率[312]。

(3) 添加剂的影响

聚乙二醇（polyethylene glycol，PEG）、硫脲（thiourea）、酒石酸钾钠（potassium sodium tartrate）等有机添加剂的引入可以有效地抑制锌枝晶的形成，提高锌电极的循环性[302,313,314]。在碱性溶液中，锌枝晶的形成与沉积的过电位有直接关系，当过电位提高时，形成锌枝晶的趋势增加。当 $0.5 \sim 5mmol \cdot L^{-1}$ 香兰素（vanillin）被添加到 $7mol \cdot L^{-1}$ KOH + $0.2mol \cdot L^{-1}$ ZnO 中时，锌枝晶的形成受到了显著的抑制，锌电极可以在 $10mA \cdot cm^{-2}$ 的电流密度下稳定循环 300 圈以上[315]。研究表明，十六烷基三甲基溴化铵（cetyl trimethyl ammonium bromide，CTAB）会加速锌的腐蚀，而十二烷基苯磺酸钠（sodium dodecyl benzene sulfonate，SDBS)、十二烷基硫酸钠（sodium dodecyl sulfate，SDS）能起到一定的减缓锌腐蚀的作用。另外，苯环上的电子云排布对添加剂在锌沉积过程中的调节作用有直接影响。与具有 6 个 π 电子的苄基氯（benzyl chloride）相比，具有 10 个 π 电子的萘（naphthalene）可以有效地降低锌的腐蚀速率与锌枝晶的形成。同时，与具有弱给电子基团的苄基氯相比，带有强给电子基团（—NH₂）的苯胺加强了苯环中 π 电子的离域，从而加强了锌的腐蚀与枝晶的形成，而带有吸电子基团的氯苯的加入可以有效抑制锌枝晶的形成[316]。当四丁基溴化铵（tetrabutylammonium bromide，TBAB）与铅离子共同作为添加剂时，表现出了比单独使用时更优异的抑制锌枝晶的性能。在溶液中添加 1×10^{-4} mol·L^{-1} 的铅离子与 5×10^{-5} mol·L^{-1} 的 TBAB，可以显著提高锌电极的循环性，在 40 圈时依然维持 95% 的库仑效率[317]。二甲基亚砜（dimethyl sulfoxide，DMSO）作为一种常见的有机溶剂，当加入碱性锌电解液中时，会对锌的溶解/沉积行为产生显著影响。5% 的 DMSO 的加入能有效提高锌的溶解效率，提高锌的利用效率。这种提高作用归因于 DMSO 能够促进 ZnO 在电解液中的悬浮，从而起到抑制锌表面钝化的效果[318]。

（4）电流模式的影响

在锌的溶解/沉积过程中，施加电流的大小与电流波形直接影响沉积的速率与溶液中的离子分布，从而影响沉积的锌的形貌与沉积效率。通过选择合适的沉积电流与电流模式，有助于获得理想的沉积效果。据研究，碱性溶液中的锌沉积受过电位的极化影响显著。在低过电位的情况下，锌的沉积受电极界面锌离子的沉积速率限制，呈现出活化控制的特征。沉积的锌通常呈现苔藓状的形貌。而高过电位情况下，限制反应速率的因素是溶液中锌离子的扩散速率，锌的沉积呈现出扩散控制的特征，从而导致锌枝晶的出现[319]。在没有其他调控因素存在的情况下，直流沉积下的锌无法获得平整形貌，而当采用脉冲沉积时，电流的工作时间由开启时间与关闭时间组成。由于形成大晶粒的自由能较低，在电流的关闭时间内锌离子倾向于迁移至大晶粒处沉积，导致大晶粒越来越大，从而形成枝晶。当提高脉冲电流的频率时，在关闭时间内离子来不及扩散到大晶粒处，因此可以产生更加细化的晶粒[320]。当脉冲频率在 $0.5 \sim 5$ Hz 之间变化时，锌的沉积形貌会从苔藓状转变为岩石状。进一步提高脉冲频率有助于细化沉积晶粒并且减少腐蚀，然而沉积效率会降低。更加致密且平整的形貌被认为具有更小的比表面积，从而使电极的腐蚀得到缓解[321]。

通常来说，在静止的溶液中，较低的电流密度有助于抑制枝晶的形成，获得更好的沉积形貌。然而，在锌铈液流电池的研究中发现，过低的电流密度（<10mA·cm^{-2}）下，锌在石墨电极上的沉积受到析氢反应的影响较大，会导致沉积的锌分布较为分散，不利于反应的进行；而在较高的电流密度下，锌沉积的形核位点较多，沉积形貌较为均匀[322]。

4.2.2.2 双电冶金型电池

与传统电池相比，单电冶金型电池的循环性、稳定性、寿命等性能都有了显著提升。以传统的锌镍电池为例，它使用的锌电极一般由锌膏电极组成，而锌膏电极通常存在以下问题：①利用率低。由于锌膏电极中的锌由锌颗粒组成，而放电过程中，锌转化为氧化锌。随着放电的进行，锌表面的氧化锌层逐渐增厚。当氧化锌层厚度达到一定程度时，内部的锌无法继续反应，这也限制了锌的利用率。②循环寿命低。由于锌膏电极内部的导电依靠的是锌粉与锌粉之间的相互接触，当放电深度较大时，锌表面的氧化层过厚，会导致部分锌粉断路。这部分氧化锌也就无法在接下来的充电中被还原，从而限制了锌的循环寿命。而在单液流镍锌电池中，电冶金型的锌电极被引入到电池中，显著地提高了锌电极的利用率与循环寿命。然而，单液流锌镍电池的镍电极依然是传统的基于表面氧化还原反应的电极。在放电过程中，正极表面的 NiOOH 转化为 Ni(OH)$_2$，而内部 NiOOH 的反应需要依靠质子在正极内的固相扩散，这也限制了锌镍电池的功率密度。此外，镍正极的循环寿命受颗粒之间导电性的影响，仍然无法令人满意[307]。

尽管基于电冶金原理的溶解/沉积反应在电化学储能中具有很大的优势，但自丹尼尔电池之后，少有两个电极都是基于溶解/沉积反应的电池被报道。主要原因是难以找到合适的正负极反应。电冶金型的锌电极反应主要是在碱性环境中。在碱性环境中，锌电极可以提供较大的电极电势，且锌离子可以与氢氧根形成锌酸根，具有良好的溶解/沉积行为。然而，在碱性溶液中几乎无法找到基于溶解/沉积原理的正极反应。而若正负极均要利用中性或酸性溶液中的金属沉积/溶解，溶液中必然存在可以氧化负极的正极电对中的金属离子。如丹尼尔电池中，正极电对中的铜离子可以氧化负极的锌。因此，丹尼尔电池中使用了陶瓷来隔绝正负极电解液。然而陶瓷的离子扩散电阻很大，使得丹尼尔电池的倍率性能很差，也无法满足当前对高功率、高能量密度电池的需求。因此，如何寻找合适的正负极反应对，并设计出合适的电池结构，成为设计双电冶金型电池需要解决的首要问题。

(1) 铅基双电冶金型电池

新型的双电冶金型电池首先出现在铅酸电池领域。如前所述，传统的铅酸电池是基于硫酸电解液。在放电过程中，正极的二氧化铅与负极的铅分别转化为硫酸铅固体并覆盖在电极表面。这种涉及固-固转化的电极反应无疑引入了更加复杂的反应机理，同时不利于电极的高功率放电与循环性。实际上，形成的硫酸铅导电性不佳，在循环过程中无法被完全氧化/还原成二氧化铅/铅，导致电池的活性物质减少，容量下降，功率密度降低。当正负极完全转化为不可利用的硫酸铅时，电池就无法正常工作了。这也是限制铅酸电池寿命的硫酸盐化问题。有研究将硫酸电解液替换成甲基磺酸溶液，形成了电冶金型的铅酸电池。

由于铅的甲磺酸盐是可溶的，在这种新型的铅酸电池中，电极反应及全电池反应如下：

负极：
$$Pb^{2+} + 2e^- \Longrightarrow Pb \qquad\qquad (4\text{-}5)$$

正极：
$$Pb^{2+} + 2H_2O - 2e^- \Longrightarrow PbO_2 + 4H^+ \qquad\qquad (4\text{-}6)$$

电池反应：
$$2Pb^{2+} + 2H_2O \Longrightarrow PbO_2 + Pb + 4H^+ \qquad\qquad (4\text{-}7)$$

在放电过程中，正极的 PbO_2 得到电子，与溶液中的氢离子结合，转化为 Pb 离子进入溶液中，并生成水；负极的 Pb 失去电子，变为 Pb 离子进入溶液。这个过程中不存在传统铅酸电池中 $PbO_2/PbSO_4$ 或 $Pb/PbSO_4$ 之间的固相反应，也就不存在先前反应的生成物阻碍内部物质继续反应的问题，有效提高了活性物质的利用率。同时，电极反应完全基于 PbO_2 与 Pb 的可逆溶解与沉积，不存在不良导电物质如 $PbSO_4$ 的形成，不存在"硫酸盐化"限制电池寿命的问题。研究发现，Pb^{2+} 沉积成 Pb 的反应速率很快，沉积的过电位很小，这也极大地削弱了潜在的析氢副反应。这种电池的放电电压约为 1.5V，且在 $50mA \cdot cm^{-2}$ 的电流密度下均表现出较好的充放电性能[323]。在 $1.5mol \cdot L^{-1}$ 的甲基磺酸铅 + $0.9mol \cdot L^{-1}$ 的甲基磺酸溶液中，这种电池具有 85% 以上的库仑效率与约为 65% 的能量效率，电池的开路电压为 1.78V。当电流密度为 $10mA \cdot cm^{-2}$ 时，电池有 1.6V 的稳定放电平台。研究表明，网状玻璃碳是正极的理想集流体，而泡沫镍是负极的理想集流体。在这两种集流体上，PbO_2 与 Pb 能获得理想的沉积形貌[324]。另外，电池的库仑效率与能量效率还与溶液中离子浓度有关。当溶液中 Pb^{2+} 浓度为 $1.5mol \cdot L^{-1}$，H^+ 浓度为 $0.9mol \cdot L^{-1}$ 时，电池的库仑效率为 93%，能量效率为 76%；而当 Pb^{2+} 和 H^+ 浓度分别为 $0.1mol \cdot L^{-1}$ 与 $3.7mol \cdot L^{-1}$ 时，库仑效率和能量效率分别为 63% 与 54%。这主要是由于 PbO_2/Pb^{2+} 的电势会随着 Pb^{2+} 与 H^+ 的浓度改变而改变引起的。当 Pb^{2+} 浓度较低、H^+ 浓度较高时，由能斯特方程可知，PbO_2/Pb^{2+} 的电势较高，这也使得沉积过程中副反应比例较高，限制了电池的库仑效率与能量效率。然而，在沉积/溶解型电池中，溶液中离子的浓度会随着充放电的进行而发生变化，因此库仑效率与能量效率的改变是不可避免的。在电池的实际运行中，需要选择合适的电解液浓度与放电深度，以获得良好的使用效果[325]。

由于发生在负极的 Pb 的电沉积在沉积量较大时呈现出枝晶的形貌，研究者又深入研究了添加剂对铅基双电冶金型电池中铅枝晶的形成和电池性能的影响。研究表明，$1g \cdot L^{-1}$ 的木质素磺酸钠能有效地平整铅的形貌，抑制铅枝晶的形成。这有助于减少在循环过程中由于铅枝晶脱落引起的活性物质损耗与潜在的电池短路风险。然而，木质素磺酸钠的加入使得电池的库仑效率与能量效率均有少量下降。原因在于木质素磺酸钠在负极表面的吸附降低了 Pb 沉积的反应动力学，在抑制铅枝晶形成的同时，也使得副反应在反应中的比例提高，从而降低了电池效率。研究发现，Ni^{2+} 在电池中能有效地降低 PbO_2 的沉积过电位，然而 Ni^{2+} 的引入会降低电池的库仑效率与能量效率，且长时间循环过后，Ni^{2+} 的作用逐渐消失[326]。相比较而言，十六烷基三甲基铵阳离子是一种有效的添加剂，当浓度为 $5mmol \cdot L^{-1}$ 时可以有效地减少枝晶的形成，增加 Pb 沉积层的均匀性与光滑性。此外，Pb 沉积层的形貌与溶液中离子浓度有关。当 H^+ 的浓度过高时，Pb倾向于以枝晶状的形貌沉积，因此在实际电池运行中，应尽可能使 H^+ 浓度保持在 $2mol \cdot L^{-1}$ 以下。同时，枝晶更倾向于在电极边缘形成，这可能是由于电极边缘的尖端中电荷密度较大[327]。在考察发生在正极的 PbO_2 沉积反应时，需要考察的是氧析出副反应。由于 PbO_2/Pb^{2+} 的电极电势约为 1.46V，大于 O_2/H_2O的 1.23V[328]。因此，从热力学角度来看，O_2 在正极上的析出是不可避免的，且O_2 析出量的多少直接影响着电池的库仑效率。此外，PbO_2 的沉积过电位也影响着沉积的库仑效率[329]。当考虑电池的实际使用情况时，如图 4-4 所示，铅基双电冶金型电池应具有平稳的放电平台，从而有利于电器在平稳的供电下工作。然而，铅基双电冶金型电池的问题在于正极的 PbO_2 在 H^+ 浓度不足时，可能无法完全溶解，从而导致容量下降与循环寿命降低[330,331]。这个问题可以通过在电解液中定期添加过氧化氢解决。然而在全封闭的电池体系中，定期添加过氧化氢需要对电池进行定期维护，不太符合免维护电池的需求。未来还需要进一步研究PbO_2 溶解/沉积过程的机理，以优化铅基双电冶金型电池的性能[332]。此外，铅的使用会对人体、环境造成损害，需要建立严格的回收体系以控制铅元素的扩散。

（2）锰基双电冶金型电池

如前所述，基于表面氧化还原反应的电池体系不可避免地具有限制循环寿命的固有问题。而锌锰电池，作为这种电池体系的代表，在放电过程中，正极的

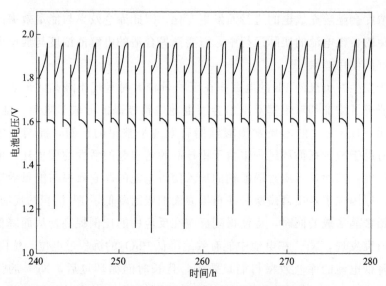

图 4-4 铅基双电冶金型电池充放电曲线[330]

MnO_2 获得电解液中的质子，转化为 $MnOOH$，而 $MnOOH$ 形成之后，会限制内部的 MnO_2 发生反应。此时，需要发生质子在 MnO_2 与 $MnOOH$ 内部的固相扩散，使得 $MnOOH$ 在正极内部形成，而表面的 $MnOOH$ 重新变为 MnO_2，才能进一步参与放电。而质子在固相中的扩散是限制反应速率步骤，这使得锌锰电池在实际使用中随着放电的进行，电池电压由于电池极化而迅速下降。有趣的是，当采用间歇式的放电方式时，在静置过后，电池电压会有明显的上升。这是由于质子在静置的过程中得到了充分的扩散，使得再次进行放电时电池极化显著削弱。此外，目前的锌锰电池大多不可充电，或者循环寿命极低。这是因为在放电过程中，MnO_2 会转变成具有较差可逆性的 Mn_2O_3、Mn_3O_4 与 $Mn(OH)_2$。虽然通过限制放电深度，可以将 MnO_2 的放电产物尽可能地控制为可逆性良好的 $MnOOH$，但这种基于固-固转变的电池反应还是使得锌锰电池的循环寿命较低。此外，锌锰电池的电压大多低于 1.6V，这也限制了锌锰电池的使用范围，使得其只能用于小型的低功耗电子设备如遥控器、电动玩具上[333]。

锰基双电冶金型可充电电池的报道是在 2019 年初申请的一份专利中[334]。在这份专利中，电池正、负极分别是基于锰、锌的电冶金型反应，电极反应与电池反应分别为：

正极：　　　　　$MnO_2 + 4H^+ + 2e^- \rightleftharpoons Mn^{2+} + 2H_2O$　　　　　(4-8)

负极：　　　　　$Zn + 4OH^- \rightleftharpoons Zn(OH)_4{}^{2-} + 2e^-$　　　　　(4-9)

电池反应：$Zn + MnO_2 + 4H^+ + 4OH^- \rightleftharpoons Mn^{2+} + Zn(OH)_4^{2-} + 2H_2O$ （4-10）

在这个电池反应中，正极的标准电极电势约为 1.224V，负极的标准电极电势约为 −1.215V，因此，电池的理论电压约为 2.44V 以上，大大超过了传统的锌锰电池。

在电池中，电解液由正极的 $MnSO_4 + H_2SO_4$ 电解液与负极的 $Zn(CH_3COO)_2$ 或 $ZnO + KOH$ 电解液组成，而在两种电解液之间使用了离子交换膜以防止电解液混合。在该电池中，正极的放电过程是 MnO_2 与溶液中的氢离子结合，直接溶解变为 Mn^{2+} 进入溶液中。而负极的放电过程是 Zn 与溶液中的氢氧根结合，直接溶解转变为 $Zn(OH)_4^{2-}$ 进入溶液中。而在充电时，电解液中的 Mn^{2+} 与 $Zn(OH)_4^{2-}$ 再次变成 MnO_2 与 Zn 沉积在正、负极表面。在这个过程中，不存在传统锌锰电池中先前反应的生成物限制后续反应的问题，使得电池的放电平台极其稳定。此外，这个过程中正、负极的活性物质在溶解的过程中可以 100% 被利用，而传统的锌锰电池中，正极 MnO_2 的利用率由于固相反应的限制，往往较低。同时，由于电冶金反应（沉积/溶解反应）优异的可逆性，该电池表现出了优异的循环性，与传统的锌锰电池相比，具有显著的优势。此外，相比于传统锌锰电池中 MnO_2 转变为 MnOOH，每个 MnO_2 分子只能贡献一个电子；电冶金型的 MnO_2 反应，每个 MnO_2 可以贡献两个电子，这使得 MnO_2 的容量密度翻倍。如图 4-5 所示，锰基双电冶金型电池具有比传统碱性锌锰电池更高的电池电压与更长的放电时间。

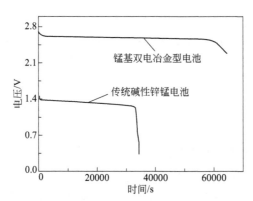

图 4-5　锰基双电冶金型电池与传统碱性锌锰电池的放电曲线[334]

在这之后，涌现了一系列锰基双电冶金型电池。其中，负极大多是基于锌的电冶金型反应。有研究报道了一种基于锌、锰的电冶金型反应的电池[335]。通过使用弱酸性的 $MnSO_4$、$ZnSO_4$ 和 H_2SO_4 电解液，该电池能实现双电冶金型反应。其电极反应及电池反应分别为：

正极：$MnO_2 + 4H^+ + 2e^- = Mn^{2+} + 2H_2O$ (4-11)

负极：$Zn = Zn^{2+} + 2e^-$ (4-12)

电池反应：$Zn + MnO_2 + 4H^+ = Zn^{2+} + Mn^{2+} + 2H_2O$ (4-13)

其中，正极的标准电极电势约为 1.224V，负极的标准电极电势约为 −0.763V，因此电池的标准电极电势约为 1.987V。同样地，相比于每个 MnO_2 只能贡献 1~2 个电子的锌离子电池，该双电冶金型电池中每个 MnO_2 可以贡献两个电子，使得 MnO_2 获得了高达 $616mA \cdot h \cdot g^{-1}$ 的容量密度与 $1100W \cdot h \cdot kg^{-1}$ 的能量密度。通过 DFT 计算发现，在酸性溶液中沉积的 MnO_2 结构内部的 Mn 的空位有利于降低电池反应过程中的能垒。在具有 Mn 空位的 MnO_2 中能垒是 0.49eV，而没有 Mn 空位的 MnO_2 中的能垒是 1.07eV。此外，该体系在 $10mA \cdot h \cdot cm^{-2}$ 的容量下，电池能达到 96% 的库仑效率，展现了双冶金型电池优异的性能与广阔的应用前景[335]。

锰基双电冶金型电池除了以 Zn 为负极以外，还引入了许多其他负极材料。一般来说，常用的电池负极均提供负的电极电势，如 Zn^{2+}/Zn 的 −0.76V，Li^+/Li 的 −3.04V，而 Cu^{2+}/Cu 的电极电势是 0.342V，通常被用作电池的正极，例如在丹尼尔电池中，正极就是 Cu^{2+} 与 Cu 之间的转化。然而，考虑到锰基电冶金电池的属性决定了其必须在酸性条件下工作，前述的常用电池负极在酸性中无法稳定存在，因此在酸性中稳定的 Cu 是合适的单槽锰基双电冶金型电池的负极材料。通过使用 $CuSO_4 + MnSO_4 + H_2SO_4$ 为电解液，碳毡、铜箔分别为电池正、负极，构建的铜锰双电冶金型电池的电极反应与电池反应为：

正极：$MnO_2 + 4H^+ + 2e^- = Mn^{2+} + 2H_2O$ (4-14)

负极：$Cu = Cu^{2+} + 2e^-$ (4-15)

电池反应：$Cu + MnO_2 + 4H^+ = Cu^{2+} + Mn^{2+} + 2H_2O$ (4-16)

如图 4-6 所示，Cu^{2+}/Cu 的电极电势约为 0.342V，MnO_2/Mn^{2+} 的电极电势约为 1.224V，因此电池的标准电势约为 0.882V。同时，电池的标准电势处于氧析出电势与氢析出电势之间，该电池的库仑效率得到了有效保证。在 $0.5mol \cdot L^{-1}$ $H_2SO_4 + 0.8mol \cdot L^{-1}$ $CuSO_4 + 0.8mol \cdot L^{-1}$ $MnSO_4$ 的电解液中，$Cu\text{-}MnO_2$ 电池可以充电到 $1mA \cdot h \cdot cm^{-2}$、$10mA \cdot h \cdot cm^{-2}$、$30mA \cdot h \cdot cm^{-2}$、$50mA \cdot h \cdot cm^{-2}$，并以 $10mA \cdot cm^{-2}$、$30mA \cdot cm^{-2}$、$50mA \cdot cm^{-2}$、$100mA \cdot cm^{-2}$ 放电，随着放电电流的增大，其放电容量没有显著变化，且其库仑效率均 >95%，能量效率 >73.7%。在 $30mA \cdot h \cdot cm^{-2}$ 的负载量下，该电池可以稳定循环 500 圈以

上。该电池的原型器件可以达到 $40.8\text{W}\cdot\text{h}\cdot\text{L}^{-1}/33.5\text{W}\cdot\text{h}\cdot\text{kg}^{-1}$ 的能量密度（基于电解液），每千瓦·时造价约为 11.9 美元，便宜于铅酸的每千瓦时 625 美元，具有极高的经济效益[336]。除此之外，Bi 也可以被用作锰基双冶金型电池的负极，在酸性溶液中以 Bi^{3+}/Bi 的电对形式存在，其电极电势约为 0.308V，由此制成的 Bi-MnO$_2$ 双电冶金型电池有 0.916V 的理论电压[337]。

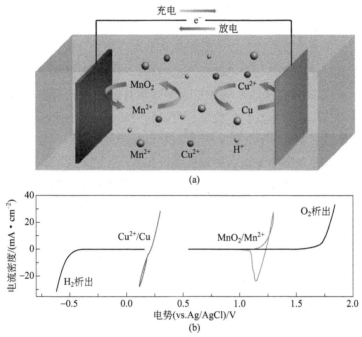

图 4-6　Cu-MnO$_2$ 双电冶金型电池结构示意图 (a)
和 Cu^{2+}/Cu 电对与 MnO$_2$/Mn^{2+} 电对沉积电位测定图 (b)[336]

基于 MnO$_2$/Mn^{2+} 正极反应的锰基双电冶金型电池相比于传统的二氧化锰电池，有着大大提升的电池循环性与更加简化的电池反应过程。通过合理地选择电解液体系与负极种类，可以获得更高的电池电压。然而，作为一个新兴领域，锰基双电冶金型电池还有许多问题亟待解决。

其中最主要的问题是，如何平衡电池的能量密度与循环性。比如在锌锰双电冶金型电池中，如何处理锌与二氧化锰之间的关系是一个问题。如果使用的是单一电解液体系，由于电池的能量密度与电解液中的氢离子浓度相关，当电池对能量密度需求较高时，正极需要高负载量的二氧化锰，然而高负载量的二氧化锰需要高浓度的氢离子进行溶解。进行相关的计算可以发现，若想达到 $100\text{W}\cdot\text{h}\cdot\text{kg}^{-1}$

（相对于电极上活性物质与电解液的质量）的能量密度，需要使用 $5mol \cdot L^{-1}$ 的 H_2SO_4 溶液。在这个浓度的硫酸下，锌基本不可能稳定存在。当使用双电解液型电池体系，锌可以相对稳定地存在于负极的碱性电解液中。然而同时使用两种电解液增大了电解液的总质量与总体积，从而限制了电池的能量密度。若使用酸性体系中稳定的 Cu、Bi 作为电池负极，虽然可以获得循环性的提高，但电池相对低的电压也使得电池的能量密度较低。

因此，未来的研究方向应着重于以下几个方面：①设计稳定的双电解液电池体系。目前基于离子交换膜的双电解液体系的电池受到了膜的性能的影响。后续应研究制备具有更高选择性与低跨膜压差的膜，抑或设计更为优秀的电池结构以实现双电解液或多电解液体系的稳定、高效运行。②寻找高电压的酸性稳定负极。通过发展高电压的酸性稳定负极，可以实现单一电解液体系下锰基双电冶金型电池的高能量、高循环稳定性，从而提升电池的可用性。③制备高比表面积的正极集流体。与负极的金属沉积可以层叠沉积不同，正极的 MnO_2 的沉积厚度受到了 MnO_2 导电性的限制。因此，需要发展高比表面积的正极集流体以实现高的 MnO_2 负载量，从而实现高的电池容量与能量密度。④解决负极的枝晶问题。在锰基双电冶金型电池中，所使用的金属负极在充电时不可避免地会出现枝晶。枝晶的出现会影响负极的稳定性，导致电池活性物质损耗，电池容量下降，电池循环性降低，甚至导致安全问题。因此，需要寻找合适的方法以抑制枝晶的形成。

5 电冶金与电化学储能展望

电冶金（electro-metallurgy）的探索自 1800 年左右开始，在过去的 200 多年，无论是其含义还是应用都经历了重大的变革。在 1843 年《电冶金的元素》（*Elements of electro-metallurgy*）一书中正式定义了"电冶金"，即所有通过电能来调控金属的原理与加工方式，包括电镀、电铸等。1836 年，著名的丹尼尔电池被发现，该电池以锌电极放置于硫酸溶液中作为负极，铜电极放置于硫酸铜溶液中作为正极，锌电极与铂电极之间由陶瓷隔开以避免电解液混合。当电池与外部电路连接时，可以观察到锌电极在不断地溶解的同时，铜电极上不断地有铜出现。这个现象被认为是电冶金的起源。之后，电铸与电镀（electroplating or electrogilding）在 19 世纪 30 年代到 20 世纪 80 年代之间被广泛地应用于印刷、艺术雕塑、电镀装饰和先进零件制造领域。电镀可以将溶液中的金属离子沉积到负极的导体上，使沉积所得的金属层与基底紧密结合，因此也将其称为电沉积（electrodeposition）过程。在电沉积体系中，与外部电源的正极连接的是电沉积阳极，与外部电源的负极连接的是电沉积阴极。电沉积过程是电冶金的核心，它使人类可以通过电能来操纵移动金属元素在基体上形成一层所需要的物质。目前，电沉积体系逐步得到了完善，许多金属如金（Au）、银（Ag）、铜（Cu）、铂（Pt）、锡（Sn）、铅（Pb）、镍（Ni）、锌（Zn）等都可以通过电沉积的方式制备，极大地促进了电沉积在艺术装饰、零器件制造等领域的发展。随着社会的发展，人们对于产品质量的要求进一步提高，电解精炼（electrorefining）与电解沉积（electrowinning）技术制备高纯度金属制品受到了广泛关注。因此，基于更深入的形核和晶体生长动力学认识，能够精确调控沉积工艺和沉积过程，以控制沉积层成分和微观结构的精细电冶金技术，展现出了更为广阔的应用前景。

电池储能技术是一种极具发展前景的优质电力和电量的"搬运工"，以其响应快速、可模块化、安装灵活和施工周期短的优点，在电动车、电网储能、便携式器件中具有广泛的应用。通常，电池的核心组成包括电极（正极和负极）和电解质。其中，电极由集流体（电子传导）和电极活性物质组成，活性物质分别需要与集流体和电解质紧密相连，以实现快速的电子和离子交互作用。传统的电极材料（电极活性材料、黏合剂和导电剂的混合浆料涂覆在集流体上而得）由于集流体和电极活性材料之间的接触电阻较大，所组装的电池一般会有较大的能量损失。利用电化学沉积的方法，将电极活性材料直接原位生长在导电集流体的基体表面，可以有效减小两者之间的欧姆损耗，这是电化学沉积在储能领域的一项重要应用。采用电化学沉积方法制备电极材料，可减小引入电化学惰性材料的可能性，从而减少了电极材料的质量和体积，获得更高的质量能量密度和体积能量密度。同时，电极活性材料和集流体之间通过电化学沉积方法结合，可以获得更紧密的结合，能够满足机械强度、柔性、弯曲性、柔韧性和通过材料微观结构和成分的精细控制以改善其性能等方面的新需求。总之，采用电化学沉积的方法制备电极材料具有以下优点：①电化学沉积可以精确控制活性材料的成分和微观结构；②电化学沉积所得的产物处于良好的电子和离子传导区域，具有良好的电化学性能；③电化学沉积可以使沉积颗粒与基体之间形成紧密的结合，从而增强颗粒与基体之间的电子传导，并且改善柔性电池的可弯曲性；④电化学沉积是一种表面敏感技术。只有导电的基体表面才能够实现活性材料的沉积制备，因而该方法适用于图案化电池和微电池的制造；⑤电化学沉积可用于调节活性材料的成分组成和微观形貌结构等，可以通过改变电化学沉积的电流/电压参数、电解质成分、浓度和沉积温度等条件来调节和控制。

对于离子型电池（锂离子电池、钠离子电池、钾离子电池、锌离子电池、镁离子电池、铵离子电池）和化学反应型电池（金属硫电池、金属空气电池等），通过电沉积技术调控电极的组分和微观结构来改善电池性能，具有重要意义。采用电沉积技术，通过优化电极组分、将电极合金化、与导电材料复合或者引入活性位点等，有助于改善电极稳定性和导电性，并丰富活性位点。此外，通过电化学沉积方法调控电极活性材料的形貌结构，或者使用三维集流体来获得不同的形貌，是一种简单而有效的调控电极材料微观结构的方法，有利于最大化地暴露电极材料的活性位点，确保电极材料和电解质之间快速有效的电子和离子传导，对于电池的稳定性、能量效率以及能量密度等性能具有重要影响。

电冶金领域的发展既有挑战，也有机遇。为了迎接这些挑战，提出了以下一些未来的研究方向：

① 发展新型适用于电化学储能的电冶金制备方法。为了满足下一代储能技术的发展需求，对储能体系的能量密度、能量效率以及循环寿命等性能提出了更高的要求。目前，已经发展了多种电冶金方法用于调控电化学储能系统中的电极组成及其微观结构。如前所述的合金电极、复合材料电极等在改善电池的稳定性等方面具有显著作用。此外，利用模板法电化学沉积以及无模板法电化学沉积等方法得到的具有不同微观结构的电极，在改善电极稳定性、调控材料活性位点等方面获得了深入发展。然而，不同元素的沉积需要满足不同的条件，例如，由于受到电解质中氢气析出反应的影响，还原性强的金属（例如 Zn、Fe、Sn 等）与还原性较弱的金属（例如 Cu、Ge 等）在同一电解质溶液中很难实现均匀的共沉积。因此，仍需发展新型电冶金制备方法，以精细控制沉积产物的组成及微观结构，实现多种材料的沉积制备。此外，对于离子电池以及金属空气电池体系，由于正极或者催化剂材料通常由导电性较差的氧化物组成，其电化学沉积制备远远落后于负极。因此，开发新型电冶金方法用于制备高性能电极，对于发展能量密度高、稳定性好的电池体系将具有重要意义。

② 理论与表征技术相结合，进一步探究电冶金过程的机理。首先，在电化学储能领域中，从沉积产物的形核以及生长等微观角度分析沉积产物的形成过程，以调控不同活性物质的组成和微观结构，对于发展高性能的电极材料具有重要意义。然而，利用电沉积技术制备电池电极材料是基于大量尝试与试验的结果。目前，尚未完全、系统、深入地了解电沉积制备过程中的生长动力学。其次，沉积参数对于沉积产物的影响较为复杂，简化沉积体系并分析出关键因素，对于电池电化学的发展至关重要。基于此，在未来的电化学储能领域研究中，结合多种原位表征技术，分析不同沉积参数下离子迁移机制，实时观测沉积产物形貌以及相结构变化，对于深入研究电化学原理具有重要作用，并可将电化学原理用于指导开发新型电化学储能体系及电极制备。此外，还需要深入探究获得的沉积产物的表面结构，以及本征电化学性能和反应机理之间的联系，以获得高效的电化学储能体系。因此，系统完善的电冶金理论是未来发展高性能电池电极和电化学储能体系重要的理论基础。

③ 拓展适用于电化学储能的电冶金型电极反应。目前，电冶金型电极反应在电化学储能中的应用依然局限于经典的丹尼尔电池中的铜、锌以及锂金属电池中的锂。实际上，人类在电冶金领域几百年的实践中，已经积累了丰富的实践经验与理论指导。如前所述的金、银、铜、铂、锡、铅、镍、锌，以及各种各样的金属氧化物的沉积工艺与沉积理论，已经得到了深入的研究。这些材料的电冶金

过程都有被应用到电化学储能中的潜力。比如，当铅酸电池中的硫酸电解液更换为甲基磺酸铅电解液时，二氧化铅与铅电极在电池放电过程中可以发生可逆的溶解与沉积，避免了铅酸电池中令人困扰的电极硫酸盐化的问题。此外，不同元素的电沉积具有不同的电化学储能特性，可以应对不同类型储能电池的需要。例如，锌的溶解/沉积需要在中性或碱性中进行，在单电解液体系中无法与二氧化铅电冶金型电极相匹配。然而，锡的溶解/沉积可以在酸性条件下进行，这就使得锡/铅电冶金型电池有潜在的研究前景。可以设想，当各种各样的电冶金工艺与经验被应用于构建电冶金型电池，电化学储能技术将会得到长足的发展。

参 考 文 献

[1] Smee A. Elements of electro-metallurgy. London: Longman, Brown, Green, and Longmans, 1851: 7-31.

[2] Daniell J F. On Voltaic Combinations. Philosophical Transactions of the Royal Society of London, 1836, 126: 107-124.

[3] Heinrich H. The discovery of galvanoplasty and electrotyping. Journal of Chemical Education, 1938, 15 (12): 565-575.

[4] Hatch H B, Stewart A A. Electrotyping and stereotyping: A primer of information about the processes of electrotyping and stereotyping. Committee on education, United typothetae of America, 1918: 1-9.

[5] McGeough J A, Leu M, Rajurkar K P, et al. Electroforming process and application to micro/macro manufacturing. CIRP Annals, 2001, 50 (2): 499-514.

[6] Hunt L. The early history of gold plating. Gold Bulletin, 1973, 6 (1): 16-27.

[7] 渡边辙. 纳米电镀. 陈祝平, 杨译. 北京: 化学工业出版社, 2006.

[8] Popov K, Grgur B, Djokić S S. Fundamental aspects of electrometallurgy. Springer Science & Business Media, 2007: 1-3.

[9] Jensen W B. The Daniell Cell: Notes from the Oesper Collections. Oesper Collections in the History of Chemistry, 2013: 1-4.

[10] Duay J, Gillette E, Hu J, et al. Controlled electrochemical deposition and transformation of hetero-nanoarchitectured electrodes for energy storage. Physical Chemistry Chemical Physics, 2013, 15 (21): 7976-7993.

[11] Amadei I, Panero S, Scrosati B, et al. The Ni_3Sn_4 intermetallic as a novel electrode in lithium cells. Journal of Power Sources 2005, 143 (1-2): 227-230.

[12] Mukaibo H, Osaka T, Reale P, et al. Optimized Sn/SnSb lithium storage materials. Journal of Power Sources, 2004, 132 (1-2): 225-228.

[13] Lahiri A, Endres F. Review-electrodeposition of nanostructured materials from aqueous, organic and ionic liquid electrolytes for Li-ion and Na-ion batteries: A comparative review. Journal of the Electrochemical Society, 2017, 164 (9): D597-D612.

[14] Pu J, Shen Z, Zhong C, et al. Electrodeposition technologies for Li-based batteries: New frontiers of energy storage. Advanced Materials, 2019: 1903808.

[15] Budevski E, Staikov G, Lorenz W J. Electrocrystallization: nucleation and growth phenomena. Electrochimica Acta, 2000, 45 (15-16): 2559-2574.

[16] Feng H, Paudel T, Yu B, et al. Nanoparticle-enabled selective electrodeposition. Advanced Materials, 2011, 23 (21): 2454-2459.

[17] Watanabe T. Nano-plating: microstructure control theory of plated film and data base of plated film microstructure. United Kingdom: Elsevier, 2004: 3-10.

[18] Chaudhari A K, Singh V B. A review of fundamental aspects, characterization and applications of

electrodeposited nanocrystalline iron group metals, Ni-Fe alloy and oxide ceramics reinforced nanocomposite coatings. Journal of Alloys and Compounds, 2018, 751: 194-214.

[19] Nakahara S, Felder E C. Defect structure in nickel electrodeposits. Journal of the Electrochemical Society, 1982, 129 (1): 45-49.

[20] Rodriguez R, Edison R A, Heller A, et al. Electrodeposition of the NaK alloy with a liquid organic electrolyte. ACS Applied Energy Materials, 2019, 2 (5): 3009-3012.

[21] Zhang Q, Wang Q, Zhang S, et al. Electrodeposition in ionic liquids. ChemPhysChem, 2016, 17 (3): 335-351.

[22] Xie X, Zou X, Zheng K, et al. Ionic liquids electrodeposition of Sn with different structures as anodes for lithium-ion batteries. Journal of the Electrochemical Society, 2017, 164 (14): D945-D953.

[23] Gu Y, Liu J, Qu S, et al. Electrodeposition of alloys and compounds from high-temperature molten salts. Journal of Alloys and Compounds, 2017, 690: 228-238.

[24] Uchida J I, TSUDA T, Yamamoto Y, et al. Electroplating of amorphous aluminum-manganese alloy from molten salts. Isij International, 1993, 33 (9): 1029-1036.

[25] Ueda M, Susukida D, Konda S, et al. Improvement of resistance of TiAl alloy against high temperature oxidation by electroplating in $AlCl_3$-NaCl-KCl-$CrCl_2$ molten salt. Surface and Coatings Technology, 2004, 176 (2): 202-208.

[26] Fastner U, Steck T, Pascual A, et al. Electrochemical deposition of TiB_2 in high temperature molten salts. Journal of Alloys and Compounds, 2008, 452 (1): 32-35.

[27] Sato Y, Hara M. Formation of intermetallic compounds layer composed of Ni_3Y and Ni_5Y by electrodeposition on Ni using molten NaCl-KCl-YCl_3. Mater Trans JIM, 1996, 37 (9): 1525-1528.

[28] Kim G P, Sun H H, Manthiram A. Design of a sectionalized MnO_2-Co_3O_4 electrode via selective electrodeposition of metal ions in hydrogel for enhanced electrocatalytic activity in metal-air batteries. Nano Energy, 2016, 30: 130-137.

[29] 周绍民. 金属电沉积——原理与研究方法. 上海: 上海科学技术出版社, 1987: 310-312.

[30] 王鸿建. 电镀工艺学. 哈尔滨: 哈尔滨工业大学出版社, 1995: 154-164.

[31] 申承民, 张校刚, 力虎林. 电化学沉积制备半导体 $CuInSe_2$ 薄膜. 感光科学与光化学, 2001, 19 (1): 1-8.

[32] 周长虹, 吕明威, 蒋晟. 氯化钾体系中电镀锌铁 (钒) 合金. 电镀与涂饰, 2009, 28 (9): 10-13.

[33] Stojak J L, Fransaer J, Talbot J B. Review of electrocodeposition. Advances in Electrochemical Science and Engineering, 2002, 7: 193-224.

[34] Schlesinger M, Paunovic M. Modern electroplating. John Wiley & Sons, 2011: 12-13.

[35] 安茂忠, 杨培霞, 张锦秋. 现代电镀技术. 北京: 机械工业出版社, 2017: 18-21.

[36] 喻辉, 戴品强, 林宇. 直流电沉积法制备纳米晶体镍. 福州大学学报: 自然科学版, 2004, 32 (6): 706-710.

[37] 郑良福, 彭晓, 王福会. 脉冲周期和糖精添加剂对电沉积 Ni 镀层微观结构的影响. 材料研究学报, 2010, 24 (5): 501-507.

[38] 莫凤奎. 物理化学. 北京: 中国医药科技出版社, 2009: 162-164.

[39] Chen X, Guo J, Gerasopoulos K, et al. 3D tin anodes prepared by electrodeposition on a virus scaffold. Journal of Power Sources, 2012, 211: 129-132.

[40] Shafiei M, Alpas A T. Electrochemical performance of a tin-coated carbon fibre electrode for rechargeable lithium-ion batteries. Journal of Power Sources, 2011, 196 (18): 7771-7778.

[41] Su X, Wu Q, Li J, et al. Silicon-based nanomaterials for lithium-ion batteries: A review. Advanced Energy Materials, 2014, 4 (1): 1300882.

[42] Qian X, Xu Q, Hang T, et al. Electrochemical deposition of Fe_3O_4 nanoparticles and flower-like hierarchical porous nanoflakes on 3D Cu-cone arrays for rechargeable lithium battery anodes. Materials & Design, 2017, 121: 321-334.

[43] Levi M D, Aurbach D. Diffusion coefficients of lithium ions during intercalation into graphite derived from the simultaneous measurements and modeling of electrochemical impedance and potentiostatic intermittent titration characteristics of thin graphite electrodes. The Journal of Physical Chemistry B, 1997, 101 (23): 4641-4647.

[44] Lv R, Yang J, Wang J, et al. Electrodeposited porous-microspheres Li-Si films as negative electrodes in lithium-ion batteries. Journal of Power Sources, 2011, 196 (8): 3868-3873.

[45] Lv R G, Yang J, Wang J L, et al. Electrodeposition and electrochemical property of porous Li-Si film anodes for lithium-ion batteries. Acta Physico-Chemica Sinica, 2011, 27 (4): 759-763.

[46] Derrien G, Hassoun J, Panero S, et al. Nanostructured Sn-C composite as an advanced anode material in high-performance lithium-ion batteries. Advanced Materials, 2007, 19 (17): 2336-2340.

[47] Pu W, He X, Ren J, et al. Electrodeposition of Sn-Cu alloy anodes for lithium batteries. Electrochimica Acta, 2005, 50 (20): 4140-4145.

[48] Rao S, Zou X, Wang S, et al. Electrodeposition of porous Sn-Ni-Cu alloy anode for lithium-ion batteries from nickel matte in deep eutectic solvents. Journal of the Electrochemical Society, 2019, 166 (10): D427-D434.

[49] Tamura N, Fujimoto M, Kamino M, et al. Mechanical stability of Sn-Co alloy anodes for lithium secondary batteries. Electrochimica Acta, 2004, 49 (12): 1949-1956.

[50] Ma J, Prieto A L. Electrodeposition of pure phase SnSb exhibiting high stability as a sodium-ion battery anode. Chemical Communications, 2019, 55 (48): 6938-6941.

[51] Hassoun J, Elia G A, Panero S, et al. A high capacity, template-electroplated Ni-Sn intermetallic electrode for lithium ion battery. Journal of Power Sources, 2011, 196 (18): 7767-7770.

[52] Fan X Y, Zhuang Q C, Wei G Z, et al. One-step electrodeposition synthesis and electrochemical properties of Cu_6Sn_5 alloy anodes for lithium-ion batteries. Journal of Applied Electrochemistry, 2009, 39 (8): 1323-1330.

[53] Mukaibo H, Momma T, Osaka T. Changes of electro-deposited Sn-Ni alloy thin film for lithium ion battery anodes during charge discharge cycling. Journal of Power Sources, 2005, 146 (1-2): 457-463.

［54］ Hoffman L R, Breene C, Diallo A, et al. Competitive current modes for tunable Ni-Sn electrodeposition and their lithiation/delithiation properties. JOM, 2016, 68 (10): 2646-2652.

［55］ Stevens D A, Dahn J R. High capacity anode materials for rechargeable sodium-ion batteries. Journal of the Electrochemical Society, 2000, 147 (4): 1271-1273.

［56］ Nam D H, Hong K S, Lim S J, et al. Electrochemical properties of electrodeposited Sn anodes for Na-ion batteries. Journal of Physical Chemistry C, 2014, 118 (35): 20086-20093.

［57］ Ellis L D, Hatchard T D, Obrovac M N. Reversible Insertion of Sodium in Tin. Journal of the Electrochemical Society, 2012, 159 (11): A1801-A1805.

［58］ Baggetto L, Ganesh P, Meisner R P, et al. Characterization of sodium ion electrochemical reaction with tin anodes: Experiment and theory. Journal of Power Sources, 2013, 234: 48-59.

［59］ Wang J W, Liu X H, Mao S X, et al. Microstructural evolution of tin nanoparticles during in situ sodium insertion and extraction. Nano Letters, 2012, 12 (11): 5897-5902.

［60］ Liu Y, Wang L, Jiang K, et al. Electro-deposition preparation of self-standing Cu-Sn alloy anode electrode for lithium ion battery. Journal of Alloys and Compounds, 2019, 775: 818-825.

［61］ Tamura N, Ohshita R, Fujimoto M, et al. Advanced structures in electrodeposited tin base negative electrodes for lithium secondary batteries. Journal of the Electrochemical Society, 2003, 150 (6): A679-A683.

［62］ Song S Y, Huo P W, Fan W Q, et al. The facile synthesis of SnSb/graphene composites and their enhanced electrochemical performance for lithium-ion batteries. Science of Advanced Materials, 2013, 5 (12): 1801-1806.

［63］ Jiang Q, Xue R, Jia M. Electrochemical performance of Sn-Sb-Cu film anodes prepared by layer-by-layer electrodeposition. Applied Surface Science, 2012, 258 (8): 3854-3858.

［64］ Mosby J M, Prieto A L. Direct electrodeposition of Cu_2Sb for lithium-ion battery anodes. Journal of the American Chemical Society, 2008, 130 (32): 10656-10661.

［65］ Schulze M C, Schulze R K, Prieto A L. Electrodeposited thin-film Cu_xSb anodes for Li-ion batteries: Enhancement of cycle life via tuning of film composition and engineering of the film-substrate interface. Journal of Materials Chemistry A, 2018, 6 (26): 12708-12717.

［66］ Perre E, Taberna P L, Mazouzi D, et al. Electrodeposited Cu_2Sb as anode material for 3-dimensional Li-ion microbatteries. Journal of Matericals Research, 2010, 25 (8): 1485-1491.

［67］ Jackson E D, Prieto A L. Copper antimonide nanowire array lithium ion anodes stabilized by electrolyte additives. ACS Applied Materials & Interfaces, 2016, 8 (44): 30379-30386.

［68］ Nam D H, Hong K S, Lim S J, et al. Electrochemical synthesis of a three-dimensional porous Sb/Cu_2Sb anode for Na-ion batteries. Journal of Power Sources, 2014, 247: 423-427.

［69］ Li H M, Wang K L, Cheng S J, et al. Controllable electrochemical synthesis of copper sulfides as sodium-ion battery anodes with superior rate capability and ultralong cycle life. ACS Applied Materials & Interfaces, 2018, 10 (9): 8016-8025.

［70］ Wang L, He X, Li J, et al. Nano-structured phosphorus composite as high-capacity anode materials for lithium batteries. Angewandte Chemie - International Edition, 2012, 51 (36): 9034-9037.

[71] Chun Y M, Shin H C. Electrochemical synthesis of iron phosphides as anode materials for lithium secondary batteries. Electrochimica Acta, 2016, 209: 369-378.

[72] Park I T, Shin H C. Amorphous FeP$_y$ (0.1$<$y$<$0.7) thin film anode for rechargeable lithium battery. Electrochemistry Communications, 2013, 33: 102-106.

[73] Tu J, Wang W, Hu L, et al. A novel ordered SiO$_x$C$_y$ film anode fabricated via electrodeposition in air for Li-ion batteries. Journal of Materials Chemistry A, 2014, 2 (8): 2467-2472.

[74] Datta M K, Kumta P N. In situ electrochemical synthesis of lithiated silicon-carbon based composites anode materials for lithium ion batteries. Journal of Power Sources, 2009, 194 (2): 1043-1052.

[75] Uysal M, Cetinkaya T, Alp A, et al. Production of Sn/MWCNT nanocomposite anodes by pulse electrodeposition for Li-ion batteries. Applied Surface Science, 2014, 290: 6-12.

[76] Uysal M, Cetinkaya T, Alp A, et al. Active and inactive buffering effect on the electrochemical behavior of Sn-Ni/MWCNT composite anodes prepared by pulse electrodeposition for lithium-ion batteries. Journal of Alloys and Compounds, 2015, 645: 235-242.

[77] Nara H, Yokoshima T, Momma T, et al. Highly durable SiOC composite anode prepared by electrodeposition for lithium secondary batteries. Energy and Environmental Science, 2012, 5 (4): 6500-6505.

[78] Dirican M, Yanilmaz M, Fu K, et al. Carbon-enhanced electrodeposited SnO$_2$/carbon nanofiber composites as anode for lithium-ion batteries. Journal of Power Sources, 2014, 264: 240-247.

[79] Schulze M C, Belson R M, Kraynak L A, et al. Electrodeposition of Sb/CNT composite films as anodes for Li- and Na-ion batteries. Energy Storage Materials, 2020, 25: 572-584.

[80] Gowda S R, Reddy A L M, Zhan X B, et al. Building energy storage device on a single nanowire. Nano Letters, 2011, 11 (8): 3329-3333.

[81] Huang J Y, Zhong L, Wang C M, et al. In situ observation of the electrochemical lithiation of a single SnO$_2$ nanowire electrode. Science, 2010, 330 (6010): 1515-1520.

[82] Xia X H, Tu J P, Zhang Y Q, et al. High-quality metal oxide core/shell nanowire arrays on conductive substrates for electrochemical energy storage. ACS Nano, 2012, 6 (6): 5531-5538.

[83] Mai L Q, Dong F, Xu X, et al. Cucumber-like V$_2$O$_5$/poly(3,4-ethylenedioxythiophene)&MnO$_2$ nanowires with enhanced electrochemical cyclability. Nano Letters, 2013, 13 (2): 740-745.

[84] Fu L J, Liu H, Li C, et al. Surface modifications of electrode materials for lithium ion batteries. Solid State Sciences, 2006, 8 (2): 113-128.

[85] Fan X, Dou P, Jiang A, et al. One-step electrochemical growth of a three-dimensional Sn-Ni@PEO nanotube array as a high performance lithium-ion battery anode. ACS Applied Materials & Interfaces, 2014, 6 (24): 22282-22288.

[86] Al-Salman R, Mallet J, Molinari M, et al. Template assisted electrodeposition of germanium & silicon nanowires in an ionic liquid. Physical Chemistry Chemical Physics, 2008, 10 (41): 6233-6237.

[87] Pomfret M B, Brown D J, Epshteyn A, et al. Electrochemical template deposition of aluminum nanorods using ionic liquids. Chemistry of Materials, 2008, 20 (19): 5945-5947.

［88］ Rauber M, Alber I, Müller S, et al. Highly-ordered supportless three-dimensional nanowire networks with tunable complexity and interwire connectivity for device integration. Nano Letters, 2011, 11 (6): 2304-2310.

［89］ Xia X H, Tu J P, Xiang J Y, et al. Hierarchical porous cobalt oxide array films prepared by electrodeposition through polystyrene sphere template and their applications for lithium ion batteries. Journal of Power Sources, 2010, 195 (7): 2014-2022.

［90］ Xia X, Tu J, Zhang Y, et al. Porous hydroxide nanosheets on preformed nanowires by electrodeposition: Branched nanoarrays for electrochemical energy storage. Chemistry of Materials, 2012, 24 (19): 3793-3799.

［91］ Saadat S, Tay Y Y, Zhu J, et al. Template-free electrochemical deposition of interconnected ZnSb nanoflakes for Li-ion battery anodes. Chemistry of Materials, 2011, 23 (4): 1032-1038.

［92］ Shin H C, Dong J, Liu M. Nanoporous structures prepared by an electrochemical deposition process. Advanced Materials, 2003, 15 (19): 1610-1614.

［93］ Shin H C, Liu M L. Three-dimensional porous copper-tin alloy electrodes for rechargeable lithium batteries. Advanced Functional Materials, 2005, 15 (4): 582-586.

［94］ Nam D H, Kim T H, Hong K S, et al. Template-free electrochemical synthesis of Sn nanofibers as high-performance anode materials for Na-ion batteries. ACS Nano, 2014, 8 (11): 11824-11835.

［95］ Li X L, Gu M, Hu S Y, et al. Mesoporous silicon sponge as an anti-pulverization structure for high-performance lithium-ion battery anodes. Nature Communications, 2014, 5: 4105.

［96］ Yuan Y, Xiao W, Wang Z, et al. Efficient nanostructuring of silicon by electrochemical alloying/ dealloying in molten salts for improved lithium storage. Angewandte Chemie-International Edition, 2018, 57 (48): 15743-15748.

［97］ Munisamy T, Bard A J. Electrodeposition of Si from organic solvents and studies related to initial stages of Si growth. Electrochimica Acta, 2010, 55 (11): 3797-3803.

［98］ Gobet J, Tannenberger H. Electrodeposition of silicon from a nonaqueous solvent. Journal of the Electrochemical Society, 1988, 135 (1): 109-112.

［99］ Saadat S, Zhu J, Shahjamali M M, et al. Template free electrochemical deposition of ZnSb nanotubes for Li ion battery anodes. Chemical Communications, 2011, 47 (35): 9849-9851.

［100］ Morimoto H, Tobishima S I, Negishi H. Anode behavior of electroplated rough surface Sn thin films for lithium-ion batteries. Journal of Power Sources, 2005, 146 (1-2): 469-472.

［101］ Xiao A, Yang J, Zhang W. Mesoporous cobalt oxide film prepared by electrodeposition as anode material for Li ion batteries. Journal of Porous Materials, 2010, 17 (5): 583-588.

［102］ Nam D H, Kim M J, Lim S J, et al. Single-step synthesis of polypyrrole nanowires by cathodic electropolymerization. Journal of Materials Chemistry A, 2013, 1 (27): 8061-8068.

［103］ Nam D H, Lim S J, Kim M J, et al. Facile synthesis of SnO_2-polypyrrole hybrid nanowires by cathodic electrodeposition and their application to Li-ion battery anodes. RSC Advances, 2013, 3 (36): 16102-16108.

[104] Zhao G, Meng Y, Zhang N, et al. Electrodeposited Si film with excellent stability and high rate performance for lithium-ion battery anodes. Materials Letters, 2012, 76: 55-58.

[105] Suk J, Kim D Y, Kim D W, et al. Electrodeposited 3D porous silicon/copper films with excellent stability and high rate performance for lithium-ion batteries. Journal of Materials Chemistry A, 2014, 2 (8): 2478-2481.

[106] Kim S, Qu S, Zhang R, et al. High volumetric and gravimetric capacity electrodeposited mesostructured Sb_2O_3 sodium ion battery anodes. Small, 2019, 15 (23): 1900258.

[107] Chen X, Gerasopoulos K, Guo J, et al. A patterned 3D silicon anode fabricated by electrodeposition on a virus-structured current collector. Advanced Functional Materials, 2011, 21 (2): 380-387.

[108] Chi C, Hao J, Liu X, et al. UV-assisted, template-free electrodeposition of germanium nanowire cluster arrays from an ionic liquid for anodes in lithium-ion batteries. New Journal of Chemistry, 2017, 41 (24): 15210-15215.

[109] Li Z J, Zhou Y C, Wang Y, et al. Solvent-mediated Li_2S electrodeposition: A critical manipulator in lithium-sulfur batteries. Advanced Energy Materials, 2019, 9 (1): 1802207.

[110] Moon J, Park J, Jeon C, et al. An electrochemical approach to graphene oxide coated sulfur for long cycle life. Nanoscale, 2015, 7 (31): 13249-13255.

[111] Jasinski R, Burrows B. Cathodic discharge of nickel sulfide in a propylene carbonate——$LiClO_4$ electrolyte. Journal of The Electrochemical Society, 1969, 116 (4): 422-424.

[112] Su C W, Li J M, Yang W, et al. Electrodeposition of Ni_3S_2/Ni composites as high-performance cathodes for lithium batteries. Journal of Physical Chemistry C, 2014, 118 (2): 767-773.

[113] Martin R P, William H, Doub J, et al. Electrochemical reduction of sulfur in aprotic solvents. Inorganic Chemistry, 1973, 12 (8): 1921-1925.

[114] Chen Y, Tarascon J M, Guéry C. Exploring sulfur solubility in ionic liquids for the electrodeposition of sulfide films with their electrochemical reactivity toward lithium. Electrochimica Acta, 2013, 99: 46-53.

[115] Sohn H, Gordin M L, Xu T, et al. Porous spherical carbon/sulfur nanocomposites by aerosol-assisted synthesis: The effect of pore structure and morphology on their electrochemical performance as lithium/sulfur battery cathodes. ACS Applied Materials & Interfaces, 2014, 6 (10): 7596-7606.

[116] Zhao Q, Hu X, Zhang K, et al. Sulfur nanodots electrodeposited on Ni foam as high-performance cathode for Li-S batteries. Nano Letters, 2015, 15 (1): 721-726.

[117] Sovizi M R, Fahimi Hassan, Gheshlaghi Z. Enhancement in electrochemical performances of Li-S batteries by electrodeposition of sulfur on polyaniline-dodecyl benzene sulfonic acid-sulfuric acid (PANI-DBSA-H_2SO_4) honeycomb structure film. New Journal of Chemistry, 2018, 42 (4): 2711-2717.

[118] Zhang L, Huang H, Yin H, et al. Sulfur synchronously electrodeposited onto exfoliated graphene sheets as a cathode material for advanced lithium-sulfur batteries. Journal of Materials Chemistry A, 2015, 3 (32): 16513-16519.

[119] Zhang L, Huang H, Xia Y, et al. High-content of sulfur uniformly embedded in mesoporous carbon: a

new electrodeposition synthesis and an outstanding lithium-sulfur battery cathode. Journal of Materials Chemistry A，2017，5（12）：5905-5911.

［120］ Zhang K，Li J，Li Q，et al. Improvement on electrochemical performance by electrodeposition of polyaniline nanowires at the top end of sulfur electrode. Applied Surface Science，2013，285（Part B）：900-906.

［121］ Hari Mohan E，Sarada B V，Venkata Ram Naidu R，et al. Graphene-modified electrodeposited dendritic porous tin structures as binder free anode for high performance lithium-sulfur batteries. Electrochimica Acta，2016，219：701-710.

［122］ Agostini M，Hassoun J，Liu J，et al. A lithium-ion sulfur battery based on a carbon-coated lithium-sulfide cathode and an electrodeposited silicon-based anode. ACS Applied Materials & Interfaces，2014，6（14）：10924-10928.

［123］ Zhang J Q，Li D，Zhu Y M，et al. Properties and electrochemical behaviors of AuPt alloys prepared by direct-current electrodeposition for lithium air batteries. Electrochimica Acta，2015，151：415-422.

［124］ Jin Y，Chen F，Lei Y，et al. A silver-copper alloy as an oxygen reduction electrocatalyst for an advanced zinc-air battery. ChemCatChem，2015，7（15）：2377-2383.

［125］ Li L，Manthiram A. Long-life，high-voltage acidic Zn-air batteries. Advanced Energy Materials，2016，6（5）：1502054.

［126］ Blurton K F，Sammells A F. Metal/air batteries：Their status and potential——a review. Journal of Power Sources，1979，4（4）：263-279.

［127］ Zhang B，Zheng X L，Voznyy O，et al. Homogeneously dispersed multimetal oxygen-evolving catalysts. Science，2016，352（6283）：333-337.

［128］ Xiong M，Ivey D G. Composition effects of electrodeposited Co-Fe as electrocatalysts for the oxygen evolution reaction. Electrochimica Acta，2018，260：872-881.

［129］ Lambert T N，Vigil J A，White S E，et al. Electrodeposited $Ni_x Co_{3-x} O_4$ nanostructured films as bifunctional oxygen electrocatalysts. Chemical Communications，2015，51（46）：9511-9514.

［130］ Vigil J A，Lambert T N，Eldred K. Electrodeposited MnO_x/PEDOT composite thin films for the oxygen reduction reaction. ACS Applied Materials & Interfaces，2015，7（41）：22745-22750.

［131］ Koza J A，He Z，Miller A S，et al. Electrodeposition of crystalline $Co_3 O_4$-A catalyst for the oxygen evolution reaction. Chemistry of Materials，2012，24（18）：3567-3573.

［132］ Han S，Liu S，Wang R，et al. One-step electrodeposition of nanocrystalline $Zn_x Co_{3-x} O_4$ films with high activity and stability for electrocatalytic oxygen evolution. ACS Applied Materials & Interfaces，2017，9（20）：17186-17194.

［133］ Etzi Coller Pascuzzi M，Selinger E，Sacco A，et al. Beneficial effect of Fe addition on the catalytic activity of electrodeposited MnO_x films in the water oxidation reaction. Electrochimica Acta，2018，284：294-302.

［134］ Leng L，Zeng X，Song H，et al. Pd nanoparticles decorating flower-like $Co_3 O_4$ nanowire clusters to form an efficient, carbon/binder-free cathode for Li-O$_2$ batteries. Journal of Materials Chemistry A, 2015, 3 (30): 15626-15632.

[135] Parvez K, Rincón R A, Weber N E, et al. One-step electrochemical synthesis of nitrogen and sulfur co-doped, high-quality graphene oxide. Chemical Communications, 2016, 52 (33): 5714-5717.

[136] Hong Q, Lu H. In-situ electrodeposition of highly active silver catalyst on carbon fiber papers as binder free cathodes for aluminum-air battery. Scientific Reports, 2017, 7 (1): 3378.

[137] Nan K, Du H, Su L, et al. Directly electrodeposited cobalt sulfide nanosheets as advanced catalyst for oxygen evolution reaction. ChemistrySelect, 2018, 3 (25): 7081-7088.

[138] Wang P, Lin Y, Wan L, et al. Construction of a Janus MnO$_2$-NiFe electrode via selective electrodeposition strategy as a high-performance bifunctional electrocatalyst for rechargeable zinc-air batteries. ACS Applied Materials & Interfaces, 2019, 11 (41): 37701-37707.

[139] Qu S, Song Z, Liu J, et al. Electrochemical approach to prepare integrated air electrodes for highly stretchable zinc-air battery array with tunable output voltage and current for wearable electronics. Nano Energy, 2017, 39: 101-110.

[140] Chen X, Liu B, Zhong C, et al. Ultrathin Co$_3$O$_4$ layers with large contact area on carbon fibers as high-performance electrode for flexible zinc-air battery integrated with flexible display. Advanced Energy Materials, 2017, 7 (18): 1700779.

[141] Chen X, Zhong C, Liu B, et al. Atomic Layer Co$_3$O$_4$ Nanosheets: The key to knittable Zn-air batteries. Small, 2018, 14 (43): 1702987.

[142] Lewis G N, Keyes F G. The potential of the lithium electrode. Journal of the American Chemical Society, 1913, 35 (4): 340-344.

[143] Brandt K. Historical development of secondary lithium batteries. Solid State Ionics, 1994, 69 (3-4): 173-183.

[144] Cheng X B, Huang J Q, Zhang Q. Review——Li metal anode in working lithium-sulfur batteries. Journal of the Electrochemical Society, 2018, 165 (1): A6058-A6072.

[145] Bai P, Li J, Brushett F R, et al. Transition of lithium growth mechanisms in liquid electrolytes. Energy and Environmental Science, 2016, 9 (10): 3221-3229.

[146] Aurbach D, Faguy P W, Yeager E. Identification of surface films formed on lithium in propylene carbonate solutions. Journal of the Electrochemical Society, 1987, 134 (7): 1611-1620.

[147] Aurbach D, Gottlieb H. The electrochemical behavior of selected polar aprotic systems. Electrochimica Acta, 1989, 34 (2): 141-156.

[148] Aurbach D, Weissman I, Schechter A, et al. X-ray photoelectron spectroscopy studies of lithium surfaces prepared in several important electrolyte solutions. A comparison with previous studies by fourier transform infrared spectroscopy. Langmuir, 1996, 12 (16): 3991-4007.

[149] Aurbach D, Zaban A, Schechter A, et al. The study of electrolyte solutions based on ethylene and diethyl carbonates for rechargeable Li batteries: I. Li metal anodes. Journal of the Electrochemical Society, 1995, 142 (9): 2873-2882.

[150] Eineli Y, Thomas S R, Koch V, et al. Ethylmethylcarbonate, a promising solvent for Li-ion rechargeable batteries. Journal of the Electrochemical Society, 1996, 143 (12): L273-L277.

[151] Schechter A, Aurbach D, Cohen H. X-ray photoelectron spectroscopy study of surface films formed on Li electrodes freshly prepared in alkyl carbonate solutions. Langmuir, 1999, 15 (9): 3334-3342.

[152] Rauh R D, Reise T F, Brummer S B. Efficiencies of cycling lithium on a lithium substrate in propylene carbonate. Journal of the Electrochemical Society, 1978, 125 (2): 186-190.

[153] Tobishima S I, Yamaji A. Ethylene carbonate-propylene carbonate mixed electrolytes for lithium batteries. Electrochimica Acta, 1984, 29 (2): 267-271.

[154] Freunberger S A, Chen Y, Peng Z, et al. Reactions in the rechargeable lithium-O_2 battery with alkyl carbonate electrolytes. Journal of the American Chemical Society, 2011, 133 (20): 8040-8047.

[155] Gao J, Lowe M A, Kiya Y, et al. Effects of liquid electrolytes on the charge ——discharge performance of rechargeable lithium/sulfur batteries: Electrochemical and in-situ X-ray absorption spectroscopic studies. The Journal of Physical Chemistry C, 2011, 115 (50): 25132-25137.

[156] Koch V R, Young J H. The stability of the secondary lithium electrode in tetrahydrofuran-based electrolytes. Journal of the Electrochemical Society, 1978, 125 (9): 1371-1377.

[157] Goldman J L, Mank R M, Young J H, et al. Structure-reactivity relationships of methylated tetrahydrofurans with lithium. Journal of the Electrochemical Society, 1980, 127 (7): 1461-1467.

[158] Tobishima S I, Hayashi K, Nemoto Y, et al. Cycling performance and safety of rechargeable lithium cells with binary and ternary mixed solvent electrolytes. Journal of Applied Electrochemistry, 1999, 29 (7): 789-796.

[159] Aurbach D, Youngman O, Gofer Y, et al. The electrochemical behaviour of 1,3-dioxolane-LiClO₄ solutions: Ⅰ. Uncontaminated solutions. Electrochimica Acta, 1990, 35 (3): 625-638.

[160] Gofer Y, Ben-Zion M, Aurbach D. Solutions of LiAsF₆ in 1,3-dioxolane for secondary lithium batteries. Journal of Power Sources, 1992, 39 (2): 163-178.

[161] Aurbach D, Zinigrad E, Teller H, et al. Attempts to improve the behavior of Li electrodes in rechargeable lithium batteries. Journal of the Electrochemical Society, 2002, 149 (10): A1267-A1277.

[162] Peled E, Sternberg Y, Gorenshtein A, et al. Lithium-sulfur battery: Eevaluation of dioxolane-based electrolytes. Journal of the electrochemical Society, 1989, 136 (6): 1621-1625.

[163] Aurbach D, Zaban A, Gofer Y, et al. Recent studies of the lithium-liquid electrolyte interface electrochemical, morphological and spectral studies of a few important systems. Journal of Power Sources, 1995, 54 (1): 76-84.

[164] Ue M, Mori S. Mobility and ionic association of lithium salts in a propylene carbonate-ethyl methyl carbonate mixed solvent. Journal of the Electrochemical Society, 1995, 142 (8): 2577-2581.

[165] Dudley J T, Wilkinson D P, Thomas G, et al. Conductivity of electrolytes for rechargeable lithium batteries. Journal of Power Sources, 1991, 35 (1): 59-82.

[166] Aurbach D, Markovsky B, Shechter A, et al. A comparative study of synthetic graphite and Li electrodes

in electrolyte solutions based on ethylene carbonate-dimethyl carbonate mixtures. Journal of the Electrochemical Society, 1996, 143 (12): 3809-3820.

[167] Tobishima S I, Yamaji A. Electrolytic characteristics of mixed solvent electrolytes for lithium secondary batteries. Electrochimica Acta, 1983, 28 (8): 1067-1072.

[168] Smart M C, Ratnakumar B V, Surampudi S. Electrolytes for low-temperature lithium batteries based on ternary mixtures of aliphatic carbonates. Journal of the Electrochemical Society, 1999, 146 (2): 486-492.

[169] Koch V R. Reactions of tetrahydrofuran and lithium hexafluoroarsenate with lithium. Journal of the Electrochemical Society, 1979, 126 (2): 181-187.

[170] Nanjundiah C, Goldman J L, Dominey L A, et al. Electrochemical stability of $LiMF_6$ (M=P, As, Sb) in tetrahydrofuran and sulfolane. Journal of the Electrochemical Society, 1988, 135 (12): 2914-2917.

[171] Ismail I, Noda A, Nishimoto A, et al. XPS study of lithium surface after contact with lithium-salt doped polymer electrolytes. Electrochimica Acta, 2001, 46 (10-11): 1595-1603.

[172] Aurbach D, Weissman I, Zaban A, et al. Correlation between surface chemistry, morphology, cycling efficiency and interfacial properties of Li electrodes in solutions containing different Li salts. Electrochimica Acta, 1994, 39 (1): 51-71.

[173] Kanamura K, Takezawa H, Shiraishi S, et al. Chemical reaction of lithium surface during immersion in $LiClO_4$ or $LiPF_6$/DEC electrolyte. Journal of the Electrochemical Society, 1997, 144 (6): 1900-1906.

[174] Sloop S E, Pugh J K, Wang S, et al. Chemical reactivity of PF_5 and $LiPF_6$ in ethylene carbonate/dimethyl carbonate solutions. Electrochem Solid State Letters, 2001, 4 (4): A42-A44.

[175] Diao Y, Xie K, Xiong S, et al. Insights into Li-S battery cathode capacity fading mechanisms: Irreversible oxidation of active mass during cycling. Journal of the Electrochemical Society, 2012, 159 (11): A1816-A1821.

[176] Barthel J, Wühr M, Buestrich R, et al. A new class of electrochemically and thermally stable lithium salts for lithium battery electrolytes. Journal of the Electrochemical Society, 1995, 142 (8): 2527-2531.

[177] Barthel J, Buestrich R, Carl E, et al. A new class of electrochemically and thermally stable lithium salts for lithium battery electrolytes: Ⅲ. Synthesis and properties of some lithium organoborates. Journal of the Electrochemical Society, 1996, 143 (11): 3572-3575.

[178] Barthel J, Buestrich R, Carl E, et al. A new class of electrochemically and thermally stable lithium salts for lithium battery electrolytes: Ⅱ. Conductivity of lithium organoborates in dimethoxyethane and propylene carbonate. Journal of the Electrochemical Society, 1996, 143 (11): 3565-3571.

[179] Barthel J, Buestrich R, Gores H J, et al. A new class of electrochemically and thermally stable lithium salts for lithium battery electrolytes: Ⅳ. Investigations of the electrochemical oxidation of lithium organoborates. Journal of the Electrochemical Society, 1997, 144 (11): 3866-3870.

[180] Barthel J, Schmid A, Gores H J. A New class of electrochemically and thermally stable lithium salts for lithium battery electrolytes: Ⅴ. Synthesis and properties of lithium bis[2,3-pyridinediolato(2-)-

O,O′]borate. Journal of the Electrochemical Society, 2000, 147 (1): 21-24.

[181] Handa M, Suzuki M, Suzuki J, et al. A new lithium salt with a chelate complex of phosphorus for lithium battery electrolytes. Electrochem Solid State Letters, 1999, 2 (2): 60-62.

[182] Aurbach D, Zaban A. Impedance spectroscopy of lithium electrodes. Part 1. General behavior in propylene carbonate solutions and the correlation to surface chemistry and cycling efficiency. Journal of Electroanalytical Chemistry, 1993, 348 (1-2): 155-179.

[183] Aurbach D, Zaban A. Impedance spectroscopy of nonactive metal electrodes at low potentials in propylene carbonate solutions: A comparison to studies of Li electrodes. Journal of the Electrochemical Society, 1994, 141 (7): 1808-1819.

[184] Besenhard J O, Wagner M W, Winter M, et al. Inorganic film-forming electrolyte additives improving the cycling behaviour of metallic lithium electrodes and the self-discharge of carbon-lithium electrodes. Journal of Power Sources, 1993, 44 (1-3): 413-420.

[185] Aurbach D, Gofer Y, Ben-Zion M, et al. The behaviour of lithium electrodes in propylene and ethylene carbonate: Te major factors that influence Li cycling efficiency. Journal of Electroanalytical Chemistry, 1992, 339 (1-2):451-471.

[186] Ein-Eli Y, Aurbach D. The correlation between the cycling efficiency, surface chemistry and morphology of Li electrodes in electrolyte solutions based on methyl formate. Journal of Power Sources, 1995, 54 (2): 281-288.

[187] Osaka T, Momma T, Matsumoto Y, et al. Surface characterization of electrodeposited lithium anode with enhanced cycleability obtained by CO_2 addition. Journal of the Electrochemical Society, 1997, 144 (5): 1709-1713.

[188] Osaka T, Momma T, Matsumoto Y, et al. Effect of carbon dioxide on lithium anode cycleability with various substrates. Journal of Power Sources, 1997, 68 (2): 497-500.

[189] Togasaki N, Momma T, Osaka T. Enhancement effect of trace H_2O on the charge-discharge cycling performance of a Li metal anode. Journal of Power Sources, 2014, 261: 23-27.

[190] Lim H K, Lim H D, Park K Y, et al. Toward a lithium- "air" battery: The effect of CO_2 on the chemistry of a lithium-oxygen cell. Journal of the American Society, 2013, 135 (26): 9733-9742.

[191] Balaish M, Kraytsberg A, Ein-Eli Y. A critical review on lithium-air battery electrolytes. Physical Chemistry Chemical Physics, 2014, 16 (7): 2801-2822.

[192] Geng D, Ding N, Hor T S A, et al. From lithium-oxygen to lithium-air batteries: Challenges and opportunities. Advanced Energy Materials, 2016, 6 (9): 1502164.

[193] Liang X, Wen Z, Liu Y, et al. Improved cycling performances of lithium sulfur batteries with $LiNO_3$-modified electrolyte. Journal of Power Sources, 2011, 196 (22): 9839-9843.

[194] Zhang S S. Effect of discharge cutoff voltage on reversibility of lithium/sulfur batteries with $LiNO_3$-contained electrolyte. Journal of the Electrochemical Society, 2012, 159 (7): A920-A923.

[195] Yang Y, Zheng G, Cui Y. A membrane-free lithium/polysulfide semi-liquid battery for large-scale energy storage. Energy and Environmental Science, 2013, 6 (5): 1552-1558.

[196] Xiong S, Xie K, Diao Y, et al. Characterization of the solid electrolyte interphase on lithium anode for preventing the shuttle mechanism in lithium-sulfur batteries. Journal of Power Sources, 2014, 246: 840-845.

[197] Kazazi M, Vaezi M R, Kazemzadeh A. Improving the self-discharge behavior of sulfur-polypyrrole cathode material by LiNO$_3$ electrolyte additive. Ionics, 2014, 20 (9): 1291-1300.

[198] Zhang S S. A new finding on the role of LiNO$_3$ in lithium-sulfur battery. Journal of Power Sources, 2016, 322: 99-105.

[199] Xu W T, Peng H J, Huang J Q, et al. Towards stable lithium-sulfur batteries with a low self-discharge rate: Ion diffusion modulation and anode protection. ChemSusChem, 2015, 8 (17): 2892-2901.

[200] Zhang L, Ling M, Feng J, et al. The synergetic interaction between LiNO$_3$ and lithium polysulfides for suppressing shuttle effect of lithium-sulfur batteries. Energy Storage Materials, 2018, 11: 24-29.

[201] Abraham K M. Recent developments in secondary lithium battery technology. Journal of Power Sources, 1985, 14 (1-3): 179-191.

[202] Abraham K M, Pasquariello D M, Martin F J. Mixed ether electrolytes for secondary lithium batteries with improved low temperature performance. Journal of the Electrochemical Society, 1986, 133 (4): 661-666.

[203] Matsuda Y, Sekiya M. Effect of organic additives in electrolyte solutions on lithium electrode behavior. Journal of Power Sources, 1999, 81-82, 759-761.

[204] Matsuda Y. Behavior of lithium/electrolyte interface in organic solutions. Journal of Power Sources, 1993, 43 (1-3): 1-7.

[205] Ishikawa M, Yoshitake S, Morita M, et al. In situ scanning vibrating electrode technique for the characterization of interface between lithium electrode and electrolytes containing additives. Journal of the Electrochemical Society, 1994, 141 (12): L159-L161.

[206] Mogi R, Inaba M, Jeong S K, et al. Effects of some organic additives on lithium deposition in propylene carbonate. Journal of the Electrochemical Society, 2002, 149 (12): A1578-A1583.

[207] Aurbach D, Markovsky B, Rodkin A, et al. On the capacity fading of LiCoO$_2$ intercalation electrodes: The effect of cycling, storage, temperature, and surface film forming additives. Electrochimica Acta, 2002, 47 (27): 4291-4306.

[208] Wang Y, Nakamura S, Tasaki K, et al. Theoretical studies to understand surface chemistry on carbon anodes for lithium-ion batteries: How does vinylene carbonate play its role as an electrolyte additive? Journal of the American Chemical Society, 2002, 124 (16): 4408-4421.

[209] Liu Q C, Xu J J, Yuan S, et al. Artificial protection film on lithium metal anode toward long-cycle-life lithium-oxygen batteries. Advanced Materials, 2015, 27 (35): 5241-5247.

[210] Wandt J, Marino C, Gasteiger H A, et al. Operando electron paramagnetic resonance spectroscopy-formation of mossy lithium on lithium anodes during charge-discharge cycling. Energy and

Environmental Science, 2015, 8 (4): 1358-1367.

[211] Electrodes M, Kuwata H, Sonoki H, et al. Surface layer and morphology of lithium metal electrodes. Electrochemistry, 2016, 84 (11): 854-860.

[212] Ota H, Shima K, Ue M, et al. Effect of vinylene carbonate as additive to electrolyte for lithium metal anode. Electrochimica Acta, 2004, 49 (4): 565-572.

[213] Guo J, Wen Z, Wu M, et al. Vinylene carbonate-$LiNO_3$: A hybrid additive in carbonic ester electrolytes for SEI modification on Li metal anode. Electrochemistry Communications, 2015, 51: 59-63.

[214] Ren X, Zhang Y, Engelhard M H, et al. Guided lithium metal deposition and improved lithium coulombic efficiency through synergistic effects of $LiAsF_6$ and cyclic carbonate additives. ACS Energy Letters, 2018, 3 (1): 14-19.

[215] Morita M, Aoki S, Matsuda Y. AC imepedance behaviour of lithium electrode in organic electrolyte solutions containing additives. Electrochimica Acta, 1992, 37 (1): 119-123.

[216] Richardson T J, Ross Jr P N. Overcharge protection for rechargeable lithium polymer electrolyte batteries. Journal of the Electrochemical Society, 1996, 143 (12): 3992-3996.

[217] Saito K, Nemoto Y, Tobishima S, et al. Improvement in lithium cycling efficiency by using additives in lithium metal. Journal of Power Sources, 1997, 68 (2): 476-479.

[218] Xiao L, Chen X, Cao R, et al. Enhanced performance of Li | $LiFePO_4$ cells using $CsPF_6$ as an electrolyte additive. Journal of Power Sources, 2015, 293: 1062-1067.

[219] Zu C, Manthiram A. Stabilized lithium-metal surface in a polysulfide-rich environment of lithium-sulfur batteries. The Journal of Physical Chemistry Letters, 2014, 5 (15): 2522-2527.

[220] Liu Y, Lin D, Liang Z, et al. Lithium-coated polymeric matrix as a minimum volume-change and dendrite-free lithium metal anode. Nature Communications, 2016, 7: 10992.

[221] Oh S J, Yoon W Y. Effect of polypyrrole coating on Li powder anode for lithium-sulfur secondary batteries. International Journal of Precision Engineering and Manufacturing, 2014, 15 (7): 1453-1457.

[222] Lee Y G, Ryu S, Sugimoto T, et al. Dendrite-free lithium deposition for lithium metal anodes with interconnected microsphere protection. Chemistry of Materials, 2017, 29 (14): 5906-5914.

[223] Thompson R S, Schroeder D J, López C M, et al. Stabilization of lithium metal anodes using silane-based coatings. Electrochemistry Communications, 2011, 13 (12): 1369-1372.

[224] Umeda G A, Menke E, Richard M, et al. Protection of lithium metal surfaces using tetraethoxysilane. Journal of Materials Chemistry, 2011, 21 (5): 1593-1599.

[225] Lee Y M, Seo J E, Lee Y G, et al. Effects of triacetoxyvinylsilane as SEI layer additive on electrochemical performance of lithium metal secondary battery. Electrochemical and Solid-State Letters, 2007, 10 (9): 216-219.

[226] Jang I C, Ida S, Ishihara T. Surface coating layer on Li metal for increased cycle stability of Li-O_2 batteries. Journal of the Electrochemical Society, 2014, 161 (5): A821-A826.

[227] Ma G, Wen Z, Wang Q, et al. Enhanced cycle performance of a Li-S battery based on a protected

lithium anode. Journal of Materials Chemistry A, 2014, 2 (45): 19355-19359.

[228] Liang Z, Zheng G, Liu C, et al. Polymer nanofiber-guided uniform lithium deposition for battery electrodes. Nano Letters, 2015, 15 (5): 2910-2916.

[229] Luo J, Lee R C, Jin J T, et al. A dual-functional polymer coating on a lithium anode for suppressing dendrite growth and polysulfide shuttling in Li-S batteries. Chemical Communications, 2017, 53 (5): 963-966.

[230] Kim H, Lee J T, Lee D C, et al. Enhancing performance of Li-S cells using a Li-Al alloy anode coating. Electrochemistry Communications, 2013, 36: 38-41.

[231] Liang X, Pang Q, Kochetkov I R, et al. A facile surface chemistry route to a stabilized lithium metal anode. Nature Energy, 2017, 2: 6362.

[232] Wang L, Zhang L, Wang Q, et al. Long lifespan lithium metal anodes enabled by Al_2O_3 sputter coating. Energy Storage Materials, 2018, 10: 16-23.

[233] Adair K R, Zhao C, Banis M N, et al. Highly stable lithium metal anode interface via molecular layer deposition zircone coatings for long life next-generation battery systems. Angewandte Chemie - International Edition, 2019, 58 (44): 15797-15802.

[234] Jing H K, Kong L L, Liu S, et al. Protected lithium anode with porous Al_2O_3 layer for lithium-sulfur battery. Journal of Materials Chemistry A, 2015, 3 (23): 12213-12219.

[235] Kozen A C, Lin C F, Pearse A J, et al. Next-generation lithium metal anode engineering via atomic layer deposition. ACS Nano, 2015, 9 (6): 5884-5892.

[236] Chen L, Connell J G, Nie A, et al. Lithium metal protected by atomic layer deposition metal oxide for high performance anodes. Journal of Materials Chemistry A, 2017, 5 (24): 12297-12309.

[237] Lee D J, Lee H, Song J, et al. Composite protective layer for Li metal anode in high-performance lithium-oxygen batteries. Electrochemistry Communications, 2014, 40: 45-48.

[238] Peng Z, Wang S, Zhou J, et al. Volumetric variation confinement: Surface protective structure for high cyclic stability of lithium metal electrodes. Journal of Materials Chemistry A, 2016, 4 (7): 2427-2432.

[239] Yan K, Lee H W, Gao T, et al. Ultrathin two-dimensional atomic crystals as stable interfacial layer for improvement of lithium metal anode. Nano Letters, 2014, 14 (10): 6016-6022.

[240] Zhang Y J, Wang W, Tang H, et al. An ex-situ nitridation route to synthesize Li_3N-modified Li anodes for lithium secondary batteries. Journal of Power Sources, 2015, 277: 304-311.

[241] Lin D, Liu Y, Chen W, et al. Conformal lithium fluoride protection layer on three-dimensional lithium by nonhazardous gaseous reagent freon. Nano Letters, 2017, 17 (6): 3731-3737.

[242] Zhang Y J, Liu X Y, Bai W Q, et al. Magnetron sputtering amorphous carbon coatings on metallic lithium: Towards promising anodes for lithium secondary batteries. Journal of Power Sources, 2014, 266: 43-50.

[243] Zhang Y J, Bai W Q, Wang X L, et al. In situ confocal microscopic observation on inhibiting the dendrite formation of a-CN_x/Li electrode. Journal of Materials Chemistry A, 2016, 4 (40):

15597-15604.

[244] Asadi M, Sayahpour B, Abbasi P, et al. A lithium-oxygen battery with a long cycle life in an air-like atmosphere. Nature, 2018, 555 (7697): 502-506.

[245] Cha E, Patel M D, Park J, et al. 2D MoS$_2$ as an efficient protective layer for lithium metal anodes in high-performance Li-S batteries. Nature Nanotechnology, 2018, 13 (4): 337-343.

[246] Wang L, Wang Q, Jia W, et al. Li metal coated with amorphous Li$_3$PO$_4$ via magnetron sputtering for stable and long-cycle life lithium metal batteries. Journal of Power Sources, 2017, 342: 175-182.

[247] Sand H J S. On the concentration at the electrodes in a solution, with special reference to the liberation of hydrogen by electrolysis of a mixture of copper sulphate and sulphuric acid. Proceedings of the Physical Society of London, 1899, 17 (1): 496.

[248] Jeong S K, Seo H Y, Kim D H, et al. Suppression of dendritic lithium formation by using concentrated electrolyte solutions. Electrochemistry Communications, 2008, 10 (4): 635-638.

[249] Suo L, Hu Y S, Li H, et al. A new class of Solvent-in-Salt electrolyte for high-energy rechargeable metallic lithium batteries. Nature Communications, 2013, 4: 1481.

[250] Qian J, Henderson W A, Xu W, et al. High rate and stable cycling of lithium metal anode. Nature Communications, 2015, 6: 6362.

[251] Liu B, Xu W, Yan P, et al. Enhanced cycling stability of rechargeable Li-O$_2$ batteries using high-concentration electrolytes. Advanced Functional Materials, 2016, 26 (4): 605-613.

[252] Liu P, Ma Q, Fang Z, et al. Concentrated dual-salt electrolytes for improving the cycling stability of lithium metal anodes. Chinese Physics B, 2016, 25 (7): 078203.

[253] Ma Q, Fang Z, Liu P, et al. Improved cycling stability of lithium-metal anode with concentrated electrolytes based on lithium (Fluorosulfonyl) (trifluoromethanesulfonyl) imide. ChemElectroChem, 2016, 3 (4): 531-536.

[254] Togasaki N, Momma T, Osaka T. Enhanced cycling performance of a Li metal anode in a dimethylsulfoxide-based electrolyte using highly concentrated lithium salt for a lithium-oxygen battery. Journal of Power Sources, 2016, 307: 98-104.

[255] Zheng J, Yan P, Mei D H, et al. Highly stable operation of lithium metal batteries enabled by the formation of a transient high-concentration electrolyte layer. Advanced Energy Materials, 2016, 6 (8): 1502151.

[256] Fang Z, Ma Q, Liu P, et al. Novel concentrated Li [(FSO$_2$)(n-C$_4$F$_9$SO$_2$)N]-based ether electrolyte for superior stability of metallic lithium anode. ACS Applied Materials & Interfaces, 2017, 9 (5): 4282-4289.

[257] Wan C, Xu S, Hu M Y, et al. Multinuclear NMR study of the solid electrolyte interface formed in lithium metal batteries. ACS Applied Materials & Interfaces, 2017, 9 (17): 14741-14748.

[258] Zheng J, Lochala J A, Kwok A, et al. Research progress towards understanding the unique interfaces between concentrated electrolytes and electrodes for energy storage applications. Advanced Science, 2017, 4 (8): 1700032.

[259] Jiao S, Ren X, Cao R, et al. Stable cycling of high-voltage lithium metal batteries in ether electrolytes. Nature Energy, 2018, 3 (9): 739-746.

[260] Ren X, Chen S, Lee H, et al. Localized high-concentration sulfone electrolytes for high-efficiency lithium metal batteries. Chem, 2018, 4 (8): 1877-1892.

[261] Chazalviel J N. Electrochemical aspects of the generation of ramified metallic electrodeposits. Physical Review A, 1990, 42 (12): 7355-7367.

[262] Neudecker B J, Dudney N J, Bates J B. "Lithium-free" thin-film battery with in situ plated Li anode. Journal of the Electrochemical Society, 2000, 147 (2): 517-523.

[263] Zhang A, Fang X, Shen C, et al. A carbon nanofiber network for stable lithium metal anodes with high Coulombic efficiency and long cycle life. Nano Research, 2016, 9 (11): 3428-3436.

[264] Kong L, Peng H J, Huang J Q, et al. Review of nanostructured current collectors in lithium-sulfur batteries. Nano Research, 2017, 10 (12): 4027-4054.

[265] Zou P, Wang Y, Chiang S W, et al. Directing lateral growth of lithium dendrites in micro-compartmented anode arrays for safe lithium metal batteries. Nature Communications, 2018, 9 (1): 464.

[266] Ji X, Liu D Y, Prendiville D G, et al. Spatially heterogeneous carbon-fiber papers as surface dendrite-free current collectors for lithium deposition. Nano Today, 2012, 7 (1): 10-20.

[267] Cheng X B, Peng H J, Huang J Q, et al. Dual-phase lithium metal anode containing a polysulfide-induced solid electrolyte interphase and nanostructured graphene framework for lithium-sulfur batteries. ACS Nano, 2015, 9 (6): 6373-6382.

[268] Zuo T T, Wu X W, Yang C P, et al. Graphitized carbon fibers as multifunctional 3D current collectors for high areal capacity Li anodes. Advanced Materials, 2017, 29 (29): 1700389.

[269] Liu L, Yin Y X, Li J Y, et al. Free-standing hollow carbon fibers as high-capacity containers for stable lithium metal anodes. Joule, 2017, 1 (3): 563-575.

[270] Xiang J, Zhao Y, Yuan L, et al. A strategy of selective and dendrite-free lithium deposition for lithium batteries. Nano Energy, 2017, 42: 262-268.

[271] Zhang Y, Liu B, Hitz E, et al. A carbon-based 3D current collector with surface protection for Li metal anode. Nano Research, 2017, 10 (4): 1356-1365.

[272] Zhang R, Chen X, Shen X, et al. Coralloid carbon fiber-based composite lithium anode for robust lithium metal batteries. Joule, 2018, 2 (4): 764-777.

[273] Guo J, Zhao S, Yang H, et al. Electron regulation enabled selective lithium deposition for stable anodes of lithium-metal batteries. Journal of Materials Chemistry A, 2019, 7 (5): 2184-2191.

[274] Wang S H, Yin Y X, Zuo T T, et al. Stable Li metal anodes via regulating lithium plating/stripping in vertically aligned microchannels. Advanced Materials, 2017, 29 (40): 1703729.

[275] Yang C P, Yin Y X, Zhang S F, et al. Accommodating lithium into 3D current collectors with a submicron skeleton towards long-life lithium metal anodes. Nature Communications, 2015, 6: 8058.

[276] Lu L L, Ge J, Yang J N, et al. Free-standing copper nanowire network current collector for improving lithium anode performance. Nano Letters, 2016, 16 (7): 4431-4437.

［277］ An Y，Fei H，Zeng G，et al. Vacuum distillation derived 3D porous current collector for stable lithium-metal batteries. Nano Energy，2018，47：503-511.

［278］ Yun Q，He Y B，Lv W，et al. Chemical dealloying derived 3D porous current collector for Li metal anodes. Advanced Materials，2016，28（32）：6932-6939.

［279］ Li Q，Zhu S，Lu Y. 3D porous Cu current collector/Li-metal composite anode for stable lithium-metal batteries. Advanced Functional Materials，2017，27（18）：1606422.

［280］ Yan K，Sun B，Munroe P，et al. Three-dimensional pie-like current collectors for dendrite-free lithium metal anodes. Energy Storage Materials，2018，11：127-133.

［281］ Assegie A A，Chung C C，Tsai M C，et al. Multilayer-graphene-stabilized lithium deposition for anode-Free lithium-metal batteries. Nanoscale，2019，11（6）：2710-2720.

［282］ Lang J，Song J，Qi L，et al. Uniform lithium deposition induced by polyacrylonitrile submicron fiber array for stable lithium metal anode. ACS Applied Materials & Interfaces，2017，9（12）：10360-10365.

［283］ Yu L，Canfield N L，Chen S，et al. Enhanced stability of lithium metal anode by using a 3D porous nickel substrate. ChemElectroChem，2018，5（5）：761-769.

［284］ Eustace D J. Bromine complexation in zinc-bromine circulating batteries. Journal of the Electrochemical Society，1980，127（3）：528.

［285］ Kobayashi S，Asaoko J，Ohta A，et al. Characteristics of high performance dry batteries "NEO HI-TOP"——studies on the discharge characteristics of a zinc chloride dry battery. Natl Tech Rep Matsushita Electr Ind，1978，24（2）：256-264.

［286］ Liu M B，Yao N P. Vibrating zinc electrodes in Ni/Zn batteries. Journal of the Electrochemical Society，1982，129（5）：913-920.

［287］ Leo A，Charkey A. Development of zinc-bromine batteries for utility load leveling. New Jersey：Electrochemical Soc Inc，1984：512-517.

［288］ Ross P N. Feasibility study of a new zinc-air battery concept using flowing alkaline electrolyte. Proceedings of the 21st Intersociety Energy Conversion Engineering Conference，1986，San Diego，California.

［289］ Pichler B，Berner B S，Rauch N，et al. The impact of operating conditions on component and electrode development for zinc-air flow batteries. Journal of Applied Electrochemistry，2018，48（9）：1043-1056.

［290］ Chen F，Sun Q，Gao W，et al. Study on a high current density redox flow battery with tin（Ⅱ）/tin as negative couple. Journal of Power Sources，2015，280：227-230.

［291］ Pan J，Yang M，Jia X，et al. The principle and electrochemical performance of a single flow Cd-PbO$_2$ battery. Journal of the Electrochemical Society，2013，160（8）：A1146-A1152.

［292］ Hawthorne K L，Wainright J S，Savinell R F. Maximizing plating density and efficiency for a negative deposition reaction in a flow battery. Journal of Power Sources，2014，269：216-224.

［293］ Miller M A，Wainright J S，Savinell R F. Iron electrodeposition in a deep eutectic solvent for flow batteries. Journal of the Electrochemical Society，2017，164（4）：A796-A803.

[294] Kabtamu D M, Lin G Y, Chang Y C, et al. The effect of adding Bi^{3+} on the performance of a newly developed iron-copper redox flow battery. RSC Advances, 2018, 8 (16): 8537-8543.

[295] Kralik D, Jorne J. Hydrogen evolution and zinc nodular growth in the zinc chloride battery. Journal of the Electrochemical Society, 1980, 127 (11): 2335-2340.

[296] Arouete S, Blurton K F, Oswin H G. Controlled current deposition of zinc from alkaline solution. Journal of the Electrochemical Society, 1969, 116 (2): 166-169.

[297] Diggle J W, Despic A R, Bockris J O M. The mechanism of the dendritic electrocrystallization of zinc. Journal of the Electrochemical Society, 1969, 116 (11): 1503-1514.

[298] Despic A R, Popov K I. The effect of pulsating potential on the morphology of metal deposits obtained by mass-transport controlled electrodeposition. Journal of Applied Electrochemistry, 1971, 1 (4): 275-278.

[299] Sammells A F. Electrolyte stoichiometric considerations for zinc deposition in the zinc-chloride battery. New Jersey: Electrochem Soc Inc, 1976: 121-129.

[300] Suresh S, Kesavan T, Munaiah Y, et al. Zinc-bromine hybrid flow battery: Effect of zinc utilization and performance characteristics. RSC Advances, 2014, 4 (71): 37947-37953.

[301] Rajarathnam G P, Schneider M, Sun X, et al. The influence of supporting electrolytes on zinc half-cell performance in zinc/bromine flow batteries. Journal of the Electrochemical Society, 2016, 163 (1): A5112-A5117.

[302] Hu C C, Chang C Y. Anodic stripping of zinc deposits for aqueous batteries: Effects of anions, additives, current densities, and plating modes. Materials Chemistry Physics, 2004, 86 (1): 195-203.

[303] Yao S G, Chen Y, et al. Effect of stannum ion on the enhancement of the charge retention of single-flow zinc-nickel battery. Journal of the Electrochemical Society, 2019, 166 (10): A1813-A1818.

[304] Riede J C, Turek T, Kunz U. Critical zinc ion concentration on the electrode surface determines dendritic zinc growth during charging a zinc air battery. Electrochimica Acta, 2018, 269: 217-224.

[305] Ito Y, Nyce M, Plevilech R, et al. Gas evolution in a flow-assisted zinc-nickel oxide battery. Journal of Power Sources, 2011, 196: 6583-6587.

[306] Ito Y, Nyce M, Plivelich R, et al. Zinc morphology in zinc-nickel flow assisted batteries and impact on performance. Journal of Power Sources, 2011, 196 (4): 2340-2345.

[307] Song S, Pan J, Wen Y, et al. Effects of electrolyte flow speed on the performance of Zn-Ni single flow batteries. Chemical Journal of Chinese Universities, 2014, 35 (1): 134-139.

[308] Li X, Wong C K, Yang Z L. A novel flowrate control method for single flow zinc/nickel battery. 2016 International Conference for Students on Applied Engineering (ICSAE), 2016: 30-35.

[309] Zhang H, Zhu L, Xiang M. Investigation on electrochemical properties of silver-coated nickel foam in silver-zinc storage batteries. Rare Metal Meterials and Engineering, 2008, 37 (1): 89-93.

[310] Zhang L, Cheng J, Yang Y S, et al. Study of zinc electrodes for single flow zinc/nickel battery application. Journal of Power Sources, 2008, 179 (1): 381-387.

[311] Wei X, Desai D, Yadav G G, et al. Impact of anode substrates on electrodeposited zinc over cycling

in zinc-anode rechargeable alkaline batteries. Electrochimica Acta, 2016, 212: 603-613.

[312] Nikiforidis G, Daoud W A. Indium modified graphite electrodes on highly zinc containing methanesulfonate electrolyte for zinc-cerium redox flow battery. Electrochimica Acta, 2015, 168: 394-402.

[313] Thomas Goh F W, Liu Z, Andy Hor T S, et al. A near-neutral chloride electrolyte for electrically rechargeable zinc-air batteries. Journal of the Electrochemical Society, 2014, 161 (14): A2080-A2086.

[314] Shimizu M, Hirahara K, Arai S. Morphology control of zinc electrodeposition by surfactant addition for alkaline-based rechargeable batteries. Physical Chemistry Chemical Physics, 2019, 21 (13): 7045-7052.

[315] Azhagurajan M, Nakata A, Arai H, et al. Effect of vanillin to prevent the dendrite growth of Zn in zinc-based secondary batteries. Journal of the Electrochemical Society, 2017, 164 (12): A2407-A2417.

[316] Ghavami R K, Rafiei Z. Performance improvements of alkaline batteries by studying the effects of different kinds of surfactant and different derivatives of benzene on the electrochemical properties of electrolytic zinc. J Power Sources, 2006, 162 (2): 893-899.

[317] Wen Y, Wang T, Cheng J, et al. Lead ion and tetrabutylammonium bromide as inhibitors of the growth of spongy zinc in single flow zinc/nickel batteries. Electrochimica Acta, 2012, 59: 64-68.

[318] Hosseini S, Abbasi A, Uginet L O, et al. The influence of dimethyl sulfoxide as electrolyte additive on anodic dissolution of alkaline zinc-air flow battery. Scientific Reports, 2019, 9: 14958.

[319] Alias N, Mohamad A A. Morphology study of electrodeposited zinc from zinc sulfate solutions as anode for zinc-air and zinc-carbon batteries. J King Saud Univ Eng Sci, 2015, 27 (1): 43-48.

[320] Shaigan N, Qu W, Takeda T. Morphology control of electrodeposited zinc from alkaline zincate solutions for rechargeable zinc air batteries. ECS Transactions, 2010, 28: 35-44.

[321] Chladil L, Čudek P, Novák V, et al. Pulse deposition of zinc in alkaline electrolytes for Ni-Zn secondary batteries. ECS Transactions, 2014, 63 (1): 217-223.

[322] Nikiforidis G, Cartwright R, Hodgson D, et al. Factors affecting the performance of the Zn-Ce redox flow battery. Electrochimica Acta, 2014, 140: 139-144.

[323] Hazza A, Pletcher D, Wills R. A novel flow battery: A lead acid battery based on an electrolyte with soluble lead (Ⅱ): Part Ⅰ. Preliminary studies. Physical Chemistry Chemical Physics, 2004, 6 (8): 1773-1778.

[324] Pletcher D, Wills R. A novel flow battery: A lead acid battery based on an electrolyte with soluble lead (Ⅱ): Ⅱ. Flow cell studies. Physical Chemistry Chemical Physics, 2004, 6 (8): 1779-1785.

[325] Pletcher D, Wills R. A novel flow battery: A lead acid battery based on an electrolyte with soluble lead (Ⅱ): Ⅲ. The influence of conditions on battery performance. Journal of Power Sources, 2005, 149: 96-102.

[326] Hazza A, Pletcher D, Wills R. A novel flow battery: A lead acid battery based on an electrolyte with soluble lead (Ⅱ): Ⅳ. The influence of additives. Journal of Power Sources, 2005, 149: 103-111.

[327] Pletcher D, Zhou H, Kear G, et al. A novel flow battery: A lead-acid battery based on an electrolyte with soluble lead (Ⅱ). Ⅴ. Studies of the lead negative electrode. Journal of Power Sources, 2008, 180

(1)：621-629.

[328] Haynes W M. CRC handbook of chemistry and physics. CRC press：2014：944-950.

[329] Pletcher D，Zhou H，Kear G，et al. A novel flow battery——A lead-acid battery based on an electrolyte with soluble lead（Ⅱ）：Part Ⅵ. Studies of the lead dioxide positive electrode. Journal of Power Sources，2008，180（1）：630-634.

[330] Collins J，Kear G，Li X，et al. A novel flow battery：A lead acid battery based on an electrolyte with soluble lead（Ⅱ）Part Ⅷ. The cycling of a 10cm×10cm flow cell. Journal of Power Sources，2010，195（6）：1731-1738.

[331] Li X，Pletcher D，Walsh F C. A novel flow battery：A lead acid battery based on an electrolyte with soluble lead（Ⅱ）：Part Ⅶ. Further studies of the lead dioxide positive electrode. Electrochimica Acta，2009，54（20）：4688-4695.

[332] Collins J，Li X，Pletcher D，et al. A novel flow battery：A lead acid battery based on an electrolyte with soluble lead（Ⅱ）. Part Ⅸ：Electrode and electrolyte conditioning with hydrogen peroxide. Journal of Power Sources，2010，195（9）：2975-2978.

[333] Hertzberg B J，Huang A，Hsieh A，et al. Effect of multiple cation electrolyte mixtures on rechargeable Zn-MnO$_2$ alkaline battery. Chemistry of Matericals，2016，28（13）：4536-4545.

[334] Wenbin Hu，Cheng Zhong，Bin Liu. High voltage rechargeable Zn-MnO$_2$ battery：PCT/CN2019/074801.

[335] Chao D，Zhou W，Ye C，et al. An electrolytic Zn-MnO$_2$ battery for high-voltage and scalable energy storage. Angewandte Chemie International Edition，2019，58（23）：7823-7828.

[336] Huang J，Guo Z，Dong X，et al. Low-cost and high safe manganese-based aqueous battery for grid energy storage and conversion. Science Bulletin，2019，64（23）：1780-1787.

[337] Liang G，Mo F，Li H，et al. A universal principle to design reversible aqueous batteries based on deposition-dissolution mechanism. Advanced Energy Materials，2019，9（32）：1901838.